低银含量铅合金电极制备与性能研究

周生刚　徐阳　著

北京
冶金工业出版社
2018

内 容 提 要

本书选择含银0.5%的低银铅合金为研究对象，综合研究了超声波干预凝固、等通道转角挤压、室温轧制、低温冷轧及退火工艺5种方法对电极微观组织及力学、电化学等性能的影响。所用方法简便，工艺和设备成本低廉，而铅银合金性能却得到了显著改善。这不仅对于电解领域的节能降耗深具意义，还有利于电极材料的循环再利用，经济效益显著。

本书可供材料学、湿法冶金、电化学等专业的高等院校师生以及科研人员、企业工程技术人员等参考。

图书在版编目(CIP)数据

低银含量铅合金电极制备与性能研究/周生刚，徐阳著.—北京：冶金工业出版社，2018.3

ISBN 978-7-5024-7751-6

Ⅰ.①低… Ⅱ.①周… ②徐… Ⅲ.①铅合金—电极—研究 Ⅳ.①TF812

中国版本图书馆CIP数据核字（2018）第045910号

出 版 人 谭学余
地　　址 北京市东城区嵩祝院北巷39号 邮编 100009 电话 (010)64027926
网　　址 www.cnmip.com.cn 电子信箱 yjcbs@cnmip.com.cn
责任编辑 卢 敏 美术编辑 吕欣童 版式设计 孙跃红
责任校对 郭惠兰 责任印制 牛晓波
ISBN 978-7-5024-7751-6
冶金工业出版社出版发行；各地新华书店经销；三河市双峰印刷装订有限公司印刷
2018年3月第1版，2018年3月第1次印刷
169mm×239mm；9.75印张；1彩页；201千字；147页
52.00元

冶金工业出版社 投稿电话 (010)64027932 投稿信箱 tougao@cnmip.com.cn
冶金工业出版社营销中心 电话 (010)64044283 传真 (010)64027893
冶金书店 地址 北京市东四西大街46号(100010) 电话 (010)65289081(兼传真)
冶金工业出版社天猫旗舰店 yjgycbs.tmall.com
（本书如有印装质量问题，本社营销中心负责退换）

前　言

电解作为一种重要的生产技术手段，广泛应用于化工、冶金、环保、能源开发等基础工业。电解过程的进行离不开电极材料，特别是对电化学工业和电冶金工业而言，产品的质量及相关的技术经济指标在很大程度上取决于阳极材料的性能。尽管阳极材料不断地推陈出新，但该领域最广泛使用的仍为成本低、电化学性能良好和易加工可回收的Pb-Ag合金阳极。然而该电极还存在传统制备方法所难以解决的诸多弊病，如强度低、内阻大、能耗高等。为此，寻找一种新型制备方法来提高Pb-Ag合金阳极综合性能是湿法冶金和电化学领域一直竞相发展的重要课题。目前对Pb-Ag合金阳极的研究较多围绕着多元铅基合金的配比，而忽略了合金内在结构与性能的关联。均匀细小致密的组织结构能加速阳极内部的电子传输，从而降低电阻，使得阳极的综合性能得到不同程度的提升，进而达到节能降耗的目的。

本书创新性地提出制备Pb-Ag合金阳极材料的新工艺思路，合理结合超声波细晶技术与大塑性变形这两种工艺，分两步多重细化合金晶粒组织，达到一般工艺难以达到的细化程度，大大拓宽了调控晶粒尺寸的范围，同时此工艺还强化了合金基体，解决因铅合金质软易变形而导致极板短路的问题，这为制备低成本、高性能、节能型电极提供新道路，具有重要的现实意义。这不但在经济、环境方面取得了可喜的效果，还填补了晶粒组织与性能方面理论基础的不足，有利于日后此工艺的扩大化生产及工业化应用。作者通过对Pb-Ag合金进行超声波法、等通道转角法、室温轧制、冷轧和超声波+轧制法5种细晶工艺方法，借助光学金相显微镜、电阻仪、电化学工作站、扫描电子显微镜、显微硬度测试仪、工作站等分析测试仪器系统地研究了Pb-Ag合金的力学特性、导电性、组织结构、阳极的电化学综合性能以及铅系难混溶合金固液界面能计算模型，希望通过调节工艺参数和模型模拟参数来获得适宜的晶粒尺寸、结构以及形核中的晶界能等重要热力学信息，从而达到控制性能的目的。这种新工艺对开发高性能、低成本、易成型加工的铅合金电极具有重要的科学意义。同时强调，铅合金阳极材料也是一项发展中的技术，它的应用范围将不断扩大，其理论与实践也将进一步丰富和完善。

与本书密切相关的研究课题有：国家自然科学基金项目“多能场作用下低银含量铅合金电极的可控成型及其电化学性能研究”（项目编号：51201080）。本书的出版得到了云南省科技厅和昆明理工大学的大力支持。在编写过程中，还得到了云南省新材料制备与加工重点实验室和昆明理工大学材料复合技术研究所全体同仁的大力支持和帮助，统稿时得到了红河学院孙丽达老师的大力支持，在此一并向他们表示由衷的感谢。

本书由周生刚副教授执笔撰写，实验及分析内容由徐阳博士研究生、李洪山博士认真统稿，硕士研究生焦增凯、泉贵岭、马双双、彭斌、罗开亮在各章节整理过程中做了相应贡献。由于作者水平有限，书中欠妥之处，恳请各位读者不吝赐教。

作 者

2018年1月20日

目　　录

0 绪　论

金属的冶炼可分为火法冶炼和湿法冶炼。火法冶炼又叫干式冶金，就是把含金属的矿石与添加物放入炉中高温加热使其熔融反应分离出粗金属后再进行精炼。湿法冶炼则是把矿石溶于酸、碱、盐的水溶液中，再通过水溶液电解方法获得金属，主要用于低品位、难熔等矿石。当前的各行各业都离不开有色（稀有）金属材料的应用，有色金属的冶炼成为社会发展的重要基础。而有色金属冶炼中，火法冶金除消耗能量较多，矿物利用率低之外，也比较难以得到高纯金属，环境污染也大。采用湿法冶金可处理含多种金属的低品位矿物及用于金属回收，比较容易获得高纯金属，污染相对较少、资源利用效率很高。然而湿法冶金电能消耗甚大，为此节能问题常常成为生产过程需要考虑的重要经济指标。

以湿法电解炼锌（电积锌）来说，世界上锌的年产量已超过 1000 万吨，锌的使用则仅次于铅和铜。我国电解锌产量在 2009 年已达到约 436 万吨，而 2015 年 10 月，根据国家发改委网站统计全国 2015 年 10 月份有色金属行业运行情况报告显示我国 2015 年 1～10 月锌产量 516 万吨，比上年同期增长 8%，已连续多年保持产量世界第一位。电解锌技术自 20 世纪早期开始进入工业化生产以来，已得到推广应用，该方法产量大、效率高、污染少，金属综合回收效果突出，电积锌产量已占到当今全世界锌总产量的 85%～90%。我国电解锌与总锌生产量比 2004 年就已超出 72%[1,2]。

根据电沉积过程的基本原理：

（1）阳极过程：

假定阳极上失去电子，可能发生如下两种阳极反应：

$$2H_2O-4e = O_2+4H^+ \qquad E=1.229V$$（反应物的电极电位）

和

$$Pb-2e = Pb^{2+} \qquad E=-0.126V$$

两种反应相比较，因铅的电极电位更负，与阳极亲和力更强，更易失去电子而被氧化，变成离子进入电解液或吸附氧原子在阳极表面形成致密氧化物膜层，阻止铅基体继续溶解。阳极电位达到 0.65V 时，Pb 发生反应

$$Pb+2H_2O-4e = PbO_2+4H^+ \qquad E=0.655V$$

此时生成的 PbO_2 构成致密保护层。

当电极电位超过1.45V时，电解液中Pb^{2+}和$PbSO_4$会发生如下反应变成PbO_2。

$$Pb^{2+}+2H_2O-2e = PbO_2+4H^+ \qquad E=1.45V$$

$$PbSO_4+2H_2O-2e = PbO_2+H_2SO_4+2H^+ \qquad E=1.68V$$

而正常电沉积过程中，阳极的电位可以达到1.9~2.0V，所以阳极覆盖物将主要由PbO_2所构成，此时阳极反应主要是分解水同时释放氧气。此外，若电解液含有Mn^{2+}、Cl^-离子时，会发生下列反应：

$$Mn^{2+}+2H_2O-2e = MnO_2+4H^+ \qquad E=1.25V$$

$$Mn^{2+}+4H_2O-5e = MnO_4^-+8H^+ \qquad E=1.50V$$

$$MnO_2+2H_2O-3e = MnO_4^-+4H^+ \qquad E=1.7V$$

$$2Cl^--2e = Cl_2 \qquad E=1.35V$$

因氯离子的存在而产生的氯气会腐蚀阳极板和污染车间。

（2）阴极过程：

锌与氢气在阴极析出过程：当电解液含有的杂质元素较少时，阴极放电离子只有Zn^{2+}和H^+。含锌50~60g/L，含H_2SO_4 110~120g/L的电解液在30~40℃条件下（一般电解过程浓度和温度范围），$E_{Zn^{2+}/Zn}=-0.7656V$，$E_{H^+/H}=0.0233V$。

理论上讲，氢离子将会优先于锌离子放电析出。不过在实际环境下氢离子在金属电极上有很高的过电位，锌的过电位较低（0.02~0.03）。由过电位公式

$$\eta_{H^+}=a+b\lg D_k \qquad (0\text{-}1)$$

式中 a——常数，由阴极状态决定（主要因素）；

b——常数，随温度变化，一般取0.11~0.12；

D_k——电流密度。

在电流密度D_k取600A/m²时，$\eta_{H^+}=1.24+0.113\times\lg600=1.554V$；

而H^+的析出电位为，$E_{H^+析出}=0.0233-1.544=-1.53V$；

此时Zn^{2+}的析出电位，$E_{Zn^{2+}析出}=-0.7656-0.03=-0.7956V$。

所以在锌电解过程中阴极上将主要发生Zn^{2+}的放电，产生金属锌的沉积[3~6]。

电积锌过程中，电解液主要成分是硫酸锌、硫酸水溶液和微量杂质。资料显示，一般所采用的电沉积锌方法生产的每吨锌的电能消耗达到3800~4200kW·h，从硫化锌矿经焙烧浸出，直至获得电解锌的总能耗大约为50×10^9 J/t。

H. H. Kellogg 公司曾对 10 个湿法炼锌厂作了各工序能耗的平均值统计（如表 0-1 所示）[7]。

表 0-1　电沉积锌各生产工序的能耗对比

工序	焙烧	制酸	浸出、净液	电积	熔铸	其他
能耗（10^9）/$J \cdot t^{-1}$	1.32	2.67	3.74	39.75	1.51	1.30
比例/%	2.71	5.32	7.13	79.39	3.11	2.52

表 0-1 显示，锌电沉积阶段吨锌能耗占 79.4%。每生产 1t 电积锌所耗电能可按下式计算：

$$W = \frac{\text{实际消耗电量}}{\text{析出锌产量}} = \frac{1000UnIt}{qnIt\eta} = \frac{1000U}{q\eta} = \frac{820U}{\eta} \tag{0-2}$$

式中　W——每吔 Zn 电能消耗，W · h/t；

I——槽电流，A；

t——电沉积小时数，h；

n——电解槽数；

U——槽电压，V；

q——电化当量（约 1.2198g/(A · h)）；

η——电流效率，%[8]。

从上式中可看出电能消耗与槽电压成正比，并随电流效率提高而下降。

电流效率是电积锌工业重要指标，其计算公式为：

$$\eta = \frac{Q}{qITn} \tag{0-3}$$

其中，Q——锌的日产量，t；

q——锌的电化学当量，g/(A · h)；

I——电沉积电流，A；

T——电锌的析出周期，h；

n——电解槽数量。

提高电流效率必须综合考虑各方面的因素。目前在湿法炼锌中，其电解效率一般在 90%左右[9]。

关于电积锌的电流密度与电流效率，蒋良兴[10]等系统研究了处在多种电流密度下工作的铅合金阳极的电化学性能，表明平行板式合金阳极的电流密度及其在电极表面的分布情况将直接影响析氧过电位、表面物相构成、电解池的腐蚀速率、电流效率、阳极泥量及阴极锌质量，而电流密度是可以提升电流效率的主要手段。极板上的电流密度和分布通常与阳极基体微结构、电导率、形状大小、表面平整度等因素有关。找到适合阳极材料，并对上述参数综合调控，有望提高电流效率。

在实际生产中对析锌电流效率的影响因素还有：

（1）电解液中所含杂质种类及数量：当镍、铜及钴含量较高时阴极析出的锌将呈多孔海绵状，严重情况下会出现大孔洞及发生烧板现象，还会使电流效率下降。铜钴、镍含量要小于0.5g/L、3~5g/L和1mg/L。As、Sb、Ge、Se、Te杂质，析出锌呈球、条纹疏松态，降低电流效率。As、Sb、Ge的含量要低于0.1mg/L，Se和Te要低于0.02~0.03g/L。Fe、Cr、Pb的影响比较小。铁在阳极和阴极分别以Fe^{3+}和Fe^{2+}形式存在，含量低于2~5mg/L。Cr和Pb比Zn电极电位高，如电流效率对Cr和Pb来说影响较小，但在阴极析出就会降低析出锌的质量。

（2）当温度较高时影响阴极析氢超电位，锌析出量下降，从而使电流效率降低。一般要求在30~40°C下进行电解。

（3）pH值（与锌含量和锌酸比有关），提高酸度可使电阻率降低，但同时电流效率也会下降。

（4）阴极锌产品形态：阴极上锌的表面粗糙度较大时，因其总表面积增加而平均电流密度下降，这时析氢过电位下降，锌析出相对量减少，电流效率降低，延长了生产周期，产率下降；阴极表面的粗糙不平发展至突出的枝晶团会加剧电流分布不均匀，突出部位过度生长后导致阴阳极接触而短路。

（5）阴极锌析出产品质量与杂质控制：1）产出疏松、黑色多孔的海绵状锌表明物理质量不好，因其表面积较大易产生返溶现象，使电耗增高并降低电流效率。其内在机理则是杂质的存在会导致较多氢产生，即阴极杂质析出→析氢过电压下降→较多氢析出→气泡导致析出锌疏松→阴极表面H^+浓度下降；如果该状况加剧，将促使已沉积锌的反溶和水解，表面可形成$Zn(OH)_2$包在析出锌上，这就是深色疏松的海绵锌。2）对于析出锌所含杂质控制，Cu、Fe、Cd均较容易实现，Pb较难控制。铅的不易控制正是因其来自铅合金阳极板的溶解，而对阳极有较大影响的是电解液含氯和工作温度。在生产实践中人们发现PbO_2可与MnO_2形成较坚固的阳极膜并能促使悬浮PbO_2粒子沉淀，从而减少铅在阴极析出。为此常采用定期掏槽、刷阳极等方法降低阴极产品的含铅量。此外碳酸锶在硫酸液中容易生成硫酸锶，其可与晶格参数相近的硫酸铅易形成极不易溶解的混晶沉淀于槽底来减少阴极铅含量，添加碳酸锶0.4g/L时可使阴极电沉积锌产品中的含铅量下降到0.0038%~0.0045%，不过该措施的不足之处是添加物的价格昂贵。

槽电压指电解槽直流电流入点与流出点间的电压。作用是克服电解过程中

的阻力、补偿电解中的电压损失。它是电解过程的重要指标，槽电压的计算公式一般为

$$U = IR = \frac{I\rho l}{s} = D_k \rho l \tag{0-4}$$

式中 I——电流，A；

D_k——电流密度，A/cm^2；

ρ——比电阻，Ω · cm；

l——极间距，cm。

槽电压与电耗成正比、与电流效率成反比。槽电压主要由 $ZnSO_4$ 分解电压、电极过电位、电解液电阻压降、电极与引线电阻压降、阳极泥电压降等组成。槽电压中硫酸锌分解电压大约占到75%[11]，阴极过电位为20~30mV，阳极过电压则占到阳极总压降约46%，占槽电压的43%，是无功电能消耗的主体部分。所以阳极析氧过电位影响较大，获得较低析氧过电位的电解阳极就显得极有意义。此外，提高电液温度虽可降低槽电压，但因阴极产品质量要求和电流效率的制约升温范围只能在较小幅度内。缩短极板间距离可降低槽电压，减小电液电阻，距离每缩短 10mm 每吨锌约可节电 60kW · h/t；工业生产中采用的同极距一般为62mm；加上需预留的锌沉积厚度使其可下降空间非常有限。缩短阳极清扫周期，降低阳极表面膜层的电阻；保持铜导电头表面光洁以改善极板与导电头连接、减小导电梁接触电阻，这些措施也在某种程度上可以降低槽电压。对于电流密度与降低槽电压节能，有计算显示电流密度由 $0.043A/cm^2$ 减至 $0.035A/cm^2$ 可使吨锌产量的平均电能消耗降低 130kW · h，然而减小电流密度会使锌产率下降，设备成本升高。电流密度的调整幅度受到限制。

想要实现电沉积过程中的节能降耗，从影响槽电压、电流效率等的因素来说，开发适合的阳极材料显然很关键。

电极在整个电化学体系中处于核心位置，寻找和制备高性能电极材料始终是电化学反应体系中的一个至关重要的课题。对于非消耗性的阴极材料，由于阳极更容易发生氧化，更易损耗失效，因此阳极的选择有更多的限制。在现代湿法冶金过程中，阳极材料的选择对提高阴极产品质量和节约能源，降低生产材料的消耗，控制生产成本都有极其重要的作用。随着科学技术的进步和社会生活及生产实践的发展，在湿法冶金领域开发和制备综合性能优异的阳极材料也始终有着广阔的需求[12]。用电极专家张招贤的话来说："电解方法提炼金属的最大困难是如何选择阳极。理想的阳极要满足导电性、化学稳定性、耐蚀性及良好的催化活性，同时寿命长，具有低的过电位与槽电压，即可实现节能降耗的目的。"[13]开发和寻求综合性能表现优异的阳极材料始终是合金阳极研究的热点。当前，湿法冶金领域常见阳极材料是如下五种：铅基合金阳极、钛涂层阳极、磁性氧化铁阳

极、石墨与铂族氧化物阳极等[14]。然而钛基体的涂层阳极常会因基底钛的氧化或涂层脱落和反应产物在电极表面吸附而被“毒化”从而引起其失效或缩短工作寿命；氧化铁磁性电极的质脆和耐蚀较差特点难以制作大尺寸电极板；作阳极的石墨的强度不足；贵金属氧化物铂阳极的价格昂贵，也不适宜大电流密度下工作，因为这使其变得容易溶解从而被快速消耗掉；这几种电极并没有得以广泛应用。

铅银合金阳极一直是电解工业首选的阳极材料，在电解领域的大规模应用已经超过50年。其良好的电化学稳定性、低成本及容易回收利用等特点，使得无论在当前还是今后可能相当长的时间内都难以被替代，尤其是在电解锌和镍、铜等领域，铅银合金阳极几乎占据独一无二的角色[15~17]。不过目前广泛用于电解冶金领域的铅银合金电极仍需解决以下问题：（1）电极成本偏高，以典型的含1%Ag（质量分数）铅银合金为例，按铅银的价格比，一块阳极板中银的用量占材料成本约70%；（2）析氧过电位较高，约0.86~1.0V，占到阳极电位的1/3，氧气析出困难，电能无功损耗可占总能耗的30%[18]；（3）阳极板电流分布不均匀，容易造成局部过热和加速腐蚀，导致极板强度降低，从而发生蠕变和弯曲变形，引起极板间短路，缩短阳极寿命，提高人工和材料成本[19,20]。

国内外研究人员针对上述阳极在实际应用中的问题，并提出了各种方案，一是添加其他合金（Sn、Ca、Sr、Bi 等）元素[21~24]和稀土（Ce、Sm、Yb、Tb等）[25,26]元素进行多元合金化，同时降低合金中银含量，再经一般的铸造或轧制成型来提高铅银合金的力学的和电化学的综合性能。研究表明采用多元铅银合金的阳极的电化学活性、强度和耐腐蚀性与传统铅银合金电极比较，Ca 的添加对力学性能的提高有明显助益并能降低阳极电位，但是 Ca 含量的增加会导致耐蚀性下降。Co 的添加可以显著降低阳极电压，节能和阳极寿命在一定条件下都可提高。不过 Co 难溶于 Pb，难以形成合金。其中 PbCaAg 阳极的开发相对比较成熟，但因成本和产品回收等问题尚未得到推广应用；此外还有采用电化学沉积和涂覆等方法，以铅和铅银合金为基体，在其上复合电化学活性的贵金属氧化物（RuO_2、IrO_2等）[27~29]或 PbO_2来提高表面活性，不过在成本和产品使用寿命、稳定性等上一直未能得到有效解决，制约了其发展。因而，制备和开发具有优异的综合电化学性能并具有低成本和节能特点的铅银合金阳极，解决现有铅合金研究的不足，始终是该领域有吸引力的目标[30, 31]，这对于降低能耗、节约能源、提高效益等都有着重要的意义。

尺寸稳定阳极也称不溶性阳极是在20世纪60年代中期至氯碱工业中发展而来。由于钛基板具有较高的强度和形状尺寸稳定性，在钛基体上使用了 RuO_2 等含电催化性的贵金属；钛基体在有氯生成环境下拥有抗腐蚀能力，使该种电极能够在工作寿命内保持其尺寸公差在要求的范围内，而不会像石墨电极那样发生溶解而使电极尺寸超出要求的公差范围，所以被称为尺寸稳定阳极，也称 DSA 阳极。自从其开发出来后，DSA 阳极应用于氯盐合成、水体净化、泳池消毒、有机分解、电镀锌镀锡等金属电镀。

金属钛质轻而强度高，电导率不如其他电极金属但也可以满足一般要求；加上其具有的较强耐蚀性使得以钛为基体的电极尺寸稳定、耐腐蚀、导电性良好，催化活性较高并可据采用的表面活性层的不同而应用于不同的电解体系。在氯碱工业和 HClO 工业中钛基电极成功取代了传统铅阳极、铅银合金阳极及石墨电极。当前钛基阳极的表面电化学活性层一般采用涂层法或电镀法获得。

自 1965 年 Beer[32]首次开发出钛基二氧化钌涂层阳极，1968 年获得 RuO_2涂层钛阳极专利，钛阳极得到迅速推广应用，彻底改变了阳极材料选择的传统思路，克服了铂金阳极昂贵的价格、石墨阳极的低耐蚀性和低强度及加工性能、铅及铅基合金阳极的自身溶解对电解液造成的污染等缺点。

目前钛基阳极主要采用 IrO_2、RuO_2、TaO 等贵金属氧化物作表面电化学活性层。以 IrO_2+RuO_2+TiO_2涂层 Ti 基体阳极，在水处理领域和氯碱工业得以推广应用。近年 Ir、Pd、Ru、Ta 等多元氧化物涂层阳极被用在硫酸盐、氯化物混合系获得金属钴和镍[33~38]，这令一些研究人员想到在酸性析氧环境使用钛基涂层阳极[39~42]。Mozota[43]等发现，氧在 IrO_2涂层阳极表面不发生化学吸附，而是一种可逆的吸附过程，人们后来认识到某些氧化物涂层钛阳极在硫酸盐电解体系的电解中表面活性催化层不仅析出氧，还伴随着活性层物质反应。Krýsa[44]等研究了 Ir 涂层电解，认为此快速过程可分成三个阶段：（1）涂层快速溶解减薄阶段；（2）涂层稳定溶解阶段，溶解速度比前阶段小若干数量级；（3）活性涂层含量不足，低过电位析氧，电极表面被钝化层覆盖而近乎失效；电解产生的气泡的冲刷作用使涂层上部变松散和脱落，活性涂层含量下降并随着阳极的溶解，电解液经表面活性层缝隙渗进到钛基体，钛表面形成 TiO_2，引起电极表面钝化层失效。应用中的钛涂层阳极还存在着以下问题：（1）氧化物涂层成本高；（2）钛阳极在含硫酸的电解液体系电解易发生钝化[45]，表面形成绝缘二氧化钛，因而阳极的电导率降低；（3）表面活性层与钛基体结合差，活性层易脱落，如果是强酸环境，则这种情况会更加严重。

在钛电极应用领域中，电解冶金体系较氯碱电解体系的工艺环境更为严苛。从 20 世纪 70 年代各国都在尝试利用钛耐蚀、轻质、高强度等优点，结合传统铅电极低成本、高催化活性的特点，开发用于湿法冶金的 Ti 阳极涂层新配方，比如钛基 PbO_2阳极、钛基 MnO_2阳极等。但在 Ti 基体上沉积制备 PbO_2电极常存在以下问题[46~51]：（1）在 Ti 基体上会生成 TiO_2钝化膜将会影响 PbO_2晶体的形核与生长，在钛基体上直接沉积 PbO_2很困难；（2）钛基体和 PbO_2间的结合应力比较大，使其结合力较弱而导致 PbO_2易剥落；（3）在电镀合成过程中 Ti 表面生成

TiO_2会使电极失去活性。到目前为止仍是铅合金阳极占据电极的统领地位。

近年有很多研究设法找寻一种导电又耐蚀的低成本中间层来解决钛与 PbO_2 活性层间的结合并减少钛金属表面钝化，增加阳极耐腐蚀性，并改善钛和表面活性涂层的结合以获得较长寿命钛基阳极[52]。比如以锡锑氧化物（$SnO_2+Sb_2O_4$）为中间层来提高 Ti 与 PbO_2之间的结合，Ti 与 PbO_2界面应力下降，PbO_2层结合牢固，电催化活性明显提升[53]。还有关于含锑的二氧化锡的过渡层降低 Ti 与 PbO_2的界面电阻，可提升电极寿命和稳定性的报道[54]。

石绍渊[55,56]等采用热分解法在钛基体上涂覆 Sn-Sb 氧化物来获得 $Ti/SnO_2+SbO_4/PbO_2$电极，中间层晶粒细小表面致密、活性层结合紧密，使阳极的使用寿命延长。阳极中间层上 PbO_2成蜂窝状，具有比较大的比表面积。因 SnO_2的晶格常数和晶胞尺寸处于 TiO_2与 β-PbO_2之间，所以可作 TiO_2与 β-PbO_2间的中间层，可降低阳极材料表面的应力，增加涂层与阳极基体附着的牢固性，阳极寿命获得提高。梁镇海[57]提出以 Ti 与 PbO_2之间中间过渡层可采用 $SnO_2+SbO_4+MnO_2$，可以获得颗粒细小的表面活性层，对催化性有良好促进作用。薛彩霞[58]等采用在中间层的 $SnO_2+Sb_2O_4$中加碳纤维，以增加中间层表面粗糙度，促进活性层结合，使得阳极在电沉积中槽电压降低、反应较快。

铅银合金阳极因其稳定、成型性好、制造和加工方便、易于回收等特点而在含硫酸电解液体系的金属电沉积工业得以广泛使用，也常常是一般情况下的首选阳极材料，在该工业领域一直有着不可替代的地位。但铅比重大、导电性能不够好，强度低易变形，工作温度下抗蠕变性能不足，还有一定的溶解性而可能污染阴极电沉积产品。如何改进其不足之处，是该领域极其重要的课题[59~64]。

当前铅电极研究主要有两种：一是添加多元金属或稀土元素并在极板表面进行镀层处理，以改善铅合金基体强度、提高电导率。洪波[65]等报道了在铅基体加入多种稀土，用二次重熔法制备多种含量的 Gd、Sm、Pr、Nd 增强合金阳极，稀土元素与铅构成金属间化合物，可以起到细化晶粒，减少金属内位错运动，而提高铅合金基体强度，还能降低阳极电位，但技术尚有待完善；袁学韬[66]等报道 Pb-0.08%Ca-1%Sn 三元合金阳极极化研究结果，称该三元合金在铜电积中易钝化，其维钝电流可达 97.72$\mu A/cm^2$；极化后的表面呈疏松状，其组成成分有 α-PbO_2、β-PbO_2和 $PbSO_4$。衷水平[67]等研究了 Pb-0.3%Ag-0.03%Ca-0.03%Sr 四元合金的阳极极化行为，并与 Pb-1%Ag 二元合金阳极进行对比，发现该合金阳极比 Pb-1%Ag 合金阳极的析氧过电位较低。Ca 元素的添加提高了阳极强度，但在阳极极化过程中却更易产生局部腐蚀。阳极回收时钙和银损失大等限制了该阳极的应用[68]。Petrova M 等[67~74]研究了 Pb-0.18%Ag-0.012%Co 等多元 Co 系铅合金阳极，发现其比 Pb-1%Ag 合金析氧过电位低和耐腐蚀，但是 Co 与 Pb 之间的微溶使其制备过程复杂，也不易大规模生产及应用。合金成分多元化存在着污染电解液，增加电极回收难度，以及可能降低阴极锌的品质等隐患。二是研究复合铅电极。由于铅与铝性能一定的互补性，因此人们对铅-铝复合电极研究较多，铅-铝电极材合成主要是采用铅粉和铝粉通过粉末冶金法（P/M）、机械合金化方法（MA）或进行快速凝固法（RS）、喷射沉积法（SF）等技术获得铅-铝均匀混合的“合金”电极[75~79]，从而提高电极基体的强度及提升电导率。Zhong S等[75]用MA法和RS法制备出含Pb-4%Al的Al-Pb“合金”阳极材料，并对其进行了阳极极化研究。Ichikawa K等[80]采用RS法得到含20%铅的“铅铝合金”，样品表现为在铝基体上弥散地分布1μm大小的铅小晶粒的微观组织。前一个方法是以重量大、内阻高的铅为基体进行多元素组合或表面改性，对提高导电性、减轻重量、提高强度的作用不明显；而后者所得到的是铝、铅的机械混合物，难以达到冶金式结合，铅铝相容性问题并未解决，其界面是结合不稳定，以此作电极时，铅铝电极电位差约1.5V。若单纯采用MA法、P/M法、RS法或SF法将铅铝金属强合为一体，形成铝与铅的机械混合体，则可能会构成原电池反应，在酸性电解液将加速电极内铝的侵蚀。采用在铝基片表面镀铅方法，同样未解决铅铝的界面相容性。朱敏[81]的研究报道采用机械合金化（MA）法可以改善铅铝的结合界面。方芳[82]等根据嵌入原子法（EAM）模型计算Al-Pb难互溶体系的机械合金化扩散固溶度，结果表明采用机械合金化后固溶度仅提高0.19%（原子分数），说明机械合金化未必能显著提高固溶度。周生刚[83]对铅-铝非混溶体系界面热力学进行了计算，并且提出了在铅与铝之间采用第三组元过渡层来获得一个稳定的结合界面，使其成为真正意义上稳定的合金或复合材料，可较好解决铅-铝金属界面相容性问题。

（1）铝基体阳极：潘君益等[84~86]对Al基/(SnO_2+Sb_2O_3)/PbO_2电极、Al/(SnO_2+Sb_2O_3+MnO_2)+PbO_2阳极和Al基/Pb-WC-ZrO_2阳极的制备和电化学特性进行了研究。研究表明在纯$ZnSO_4$-H_2SO_4液体系中测得使用Al/SnO_2+Sb_2O_3/PbO_2阳极的槽电压为3.3V，电流效率达87%；以Al/SnO_2+Sb_2O_3+MnO_2/PbO_2作阳极的槽电压则为3.2V，电流效率86.5%，其加速实验寿命可达18h以上。Al/Pb-WC-ZrO_2复合电极的析氧过电位比普通铅银合金阳极低20~30mV，交换电流密度高出两个量级。

（2）钢基体阳极：苗治广等[87]研究了不锈钢基PbO_2-WC-ZrO_2电极和不锈钢基PbO_2-WC-ZrO_2/PANI电极，结果显示其析氧过电位比普通铅银合金阳极低100~400mV，而不锈钢基PbO_2-WC-ZrO_2/PANI复合电极的寿命则优于普通无聚苯胺电极的寿命，这说明聚苯胺层耐腐性较好，可保护镀层，从而延长电极使用期限。叶匀分等[88]报道了不锈钢为基体PbO_2电极和钛基电极进行的比较，发现不锈钢基体电极界面电阻小于钛基电极，粘附性也好，但在硫酸溶液中析氧过电位比铂电极要高0.06V。Feng J等[89]研究了不锈钢基α-PbO_2电极的析氧反应及电催化特性。

（3）高分子基体阳极：王桂清等[90~92]研究了在ABS塑料、聚丙烯基体上化学镀PbO_2。结果显示适当的工艺条件下可以实现在塑料上电沉积PbO_2活性层；获得的电极力学性能好、质量轻，易加工成型。其制备的预处理过程简单，可以减轻劳动强度、降低电极成本和提高镀层质量。周海晖等[93]报道了环氧树脂塑料板为基体制备的二氧化铅电极。分析了测得的极化曲线、电位-时间曲线及耐蚀性，其电极具有稳定、耐蚀等特点。

陈振方等[94]设法处理了ABS板表面使其具亲水特性，再经活化处理后，在表面用氧化还原方法沉积α-PbO_2，再沉积β-PbO_2。报道称获得的阳极的电化学性能较好、耐腐蚀且成本低，有望替代电化学工业生产过程中的石墨电极和铂电极。

在金属结构材料领域中，金属和合金的微观结构的尺寸、形态和分布往往对材料的整体性能有显著的影响。用各种冷热塑性变形和热处理等技术来提高材料的力学性能的方法历史悠久。这些加工处理不仅能细化材料微观组织，促进多种材料的微结构均匀化，减少甚至避免对材料性能不利的各种缺陷的产生。不过相关技术研究大多围绕力学性能的改进，以及超塑性或耐热性等性能方面。对材料微观结构与耐蚀性关系的专门研究鲜有报道，铅合金电极此类问题的专门研究也不多见。这可能因为电极体系中金属电极的主要工作区域是电极表面，金属内部的各种显微结构的特征在电化学体系中的作用过程是如何发生和变化的也难以直接观测和表征。电极反应过程本身就是一种比较复杂的涉及流体力学的对流、扩散，两类带电粒子在不同介质的电场中的迁移，以及电化学反应动力学过程等复杂问题而不易进行直观的测定和研究。课题组在前期对其他电极材料的研究中发现，电极材料的平均晶粒度、微观组织的均匀性对电极性能有着重要的影响[95~97]。合金电极的晶粒细化使得晶内缺陷较少，也具有小的晶界间隙，可以阻滞阳极腐蚀过程，有效提高电极的耐蚀性；微观组织结构的均匀化与致密，也能有效减少电极材料内的缺陷数量，提高电子的平均自由程，使电极材料的电子传输速度提高，降低电阻和降低阳极析氧过电位，也促进材料的均匀腐蚀，从而降低了电极非均匀腐蚀引起的快速失效，进而提高材料总体耐蚀性并实现一定节能降耗目的。本书实验的思路：通过采用超声波干扰凝固过程的细晶技术对铅银合金熔体进行处理，以获得一定晶粒度的初始晶，继而对所得合金铸锭采用轧制法和等通道转角挤压法，实现铅银合金塑性变形加工，以期进一步细化晶粒和均化组织，改善显微结构分布状况，从而达到提高其力学与电化学综合性能的提升。

（1）合金制备技术研究：1）探索超声波能量场（以熔体温度、施振时间等参数为影响因素）施加于初始铅银合金的铸锭凝固前阶段，总结其组织结构、起始平均晶粒度与其凝固特性等的规律；2）使用等通道角挤压法、常温轧制和低温轧制对含0.5%Ag的铅银合金进行多种较大塑性变形的加工和处理，研究其加工的工艺参数（如不同的挤压路径通道、经历挤压通道的次数、轧制下压量和退火温度等）对该合金的组织结构的影响，并对各种不同处理工艺下获得的合金的力学、电化学性能等综合性能进行分析和评估，从各方案中获得制备性能较为理想的具有适当晶粒度及均匀的铅银合金的最佳工艺。

（2）研究平均晶粒度、组织结构形态和电极的各项综合性能的关联，探索其微观机理与性能表现的作用过程和机制：研究铅银合金的晶粒度等微观组织状态参数和均匀度对合金电极的强度、导电性、电化学催化活性和耐腐蚀性能之间的关系，获得在电极的综合性能表现最优时合金平均晶粒尺寸、显微组织结构参数的机理和机制，探索制备铅银合金电极的理论依据及技术基础。

（3）研究合金中的金属间化合物的位点替代效应对合金的电子属性及合金的生成能、表面能等与晶体的微观组织形成与分布有关的一些热力学参数的影响。

（4）研究铅银合金固液界面能的计算等热力学问题，为理解该相对难混溶体系中的凝固过程的微观机理，晶界能等问题寻找可资借鉴的研究途径和方法。

本书研究结合超声波细晶技术与塑性变形这两种工艺，分两步多重细化合金晶粒组织，可达到一般工艺难以达到的细化程度，大大拓宽了调控晶粒尺寸的范围，从而有效改善合金的综合性能。目前，尚未有报道结合此两种工艺细化铅银合金，所以从思想上具有创新性。此外，该类工艺还强化合金基体，解决了铅合金质软易变形而导致极板短路的问题，这为制备低成本、高性能、节能型电极提供了新道路，具有重要的现实意义。

参 考 文 献

[1] 国家发改委网站．2015年10月份有色金属行业运行情况．http://www.sdpc.gov.cn/jjxsfx/201511/t20151120_759168.html.

[2] 安泰科 2014年锌市场分析报告．http://www.chinania.org.cn/uploadfile/2015/0312/20150312101827437.pdf.

[3] 国土资源部网站．有色金属工业迫切需要实现绿色化——2015访邱定蕃院士．http://www.mlr.gov.cn/xwdt/kyxw/201511/t20151118_1388370.htm.

[4] Cachet C, Rerolle C, Wiart R. Kinetics of Pb and Pb-Ag anodes for zinc electrowinning [J]. Electrochemical Acta, 1996, 41 (1): 83~90.

[5] Lai Yanqing, Jiang Liangxing, Li Jie, et al. A novel porous Pb-Ag anode for energy-saving in

zinc electrowinning [J]. Hydrometallurgy, 2010, 102 (1~4): 81~86.

[6] Huang J, Ding Y F, Su X D, et al. Industrial Application of Pb-Ag-Ca Anode with Surface Passivation for Zinc Electrowinning [J]. Advanced Materials Research, 2014, 941~944: 1398~1401.

[7] 吕少祥，戴曦．降低锌电积直流电耗生产实践 [J]. 有色金属（冶炼部分），2001，(6): 13~15.

[8] 陈国华，王光信．电化学方法应用 [M]. 北京：化学工业出版社，2003.

[9] 彭根芳．锌电积直流电耗的实证分析与优化探讨 [J]. 有色冶炼节能，2003，20 (2): 17~20.

[10] 蒋良兴，衷水平，赖延清，等．电流密度对锌电积用 Pb-Ag 平板阳极电化学行为的影响 [J]. 物理化学学报，2010，26 (9): 2369~2374.

[11] 蒋继穆．我国锌冶炼现状及近年来的技术进展 [J]. 中国有色冶金，2006，(5): 19~23.

[12] 田昭武．电化学研究方法 [M]. 北京：科学出版社，1984.

[13] 张招贤．钛电极学导论 [M]. 北京：冶金工业出版社，2009.

[14] 廖登辉，陈阵，郭忠诚．锌电积用惰性阳极材料的研究现状及发展趋势 [J]. 电镀与涂饰，2011，30 (10): 50~53.

[15] Felder A, Prengaman R D. Lead alloys for permanent anodes in the nonferrous metals industry [J]. JOM, 2006 (58), 28~31.

[16] Ivanov I. Incerased current efficiency of zinc electrowinning in the presence of metal impurities by addition of organic inhibitors [J]. Hydrometallorgy, 2004, 72 (1): 73~78.

[17] Gurmen S, Emre M. A laboratory-scale investigation of alkaline zinc electro-winning [J]. Minerals Enginerring, 2003, 16 (6): 559~562.

[18] Yanqing Lai, Liangxing Jiang, Jie Li, et al. A novel porous Pb-Ag anode for energy-saving in zinc electro-winning Part Ⅱ: Preparation and pilot plant tests of large size anode [J]. Hydrometallurgy, 2010, 102 (1~4): 81~86.

[19] 张东，郭忠诚．锌电极用惰性阳极材料的研究现状 [J]. 云南冶金，2008，37 (6): 48~49.

[20] 牛平文．锌电极过程阳极板腐蚀快的原因及对策 [J]. 中国钼业，2008，32 (4): 32~33.

[21] Hrussanova A, Mirkova L, Dobrev Ts, Vasilev S. Influence of temperature and current density on oxygen overpotential and corrosion rate of Pb-Co_3O_4, Pb-Ca-Sn, and Pb-Sb anodes for copper electrowinning: Part I [J]. Hydrometallurgy, 2004, 72 (3~4): 205~213.

[22] Takasaki Y, Koike K, Masuko N. Mechanical properties and electrolytic behavior of Pb-Ag-Ca ternary electrodes for zinc electro-winning [C]. In: Dutrizac J, E, eds. LEAD- ZINC 2000. Pittsburgh, PA, USA: Warrendale, PA, USA, 2000: 599~614.

[23] Stefanov Y, Dobrev T. Potentiodynamic and electron microscopy investigations of lead-cobalt alloy coated lead composite anodes for zinc electro-winning [J]. Transactions of the Institute

of Metal Finishing, 2005, 83 (6): 296~299.

[24] 衷水平，赖延清，蒋良兴，等. 锌电积用 Pb-Ag-Bi 阳极的电化学行为 [J]. 过程工程学报, 2008, 8 (1): 289~293.

[25] 李鑫，王涛，魏绪钧，等. 稀土在铅基合金中的应用 [J]. 有色金属, 2003, 55 (2): 15~17.

[26] 周彦葆. 稀土元素抑制铅及铅合金阳极腐蚀的机理研究 [D]. 上海: 复旦大学, 2004.

[27] 潘君益，郭忠诚. 锌电积用惰性阳极材料的研究现状 [J]. 云南冶金, 2004, 33 (6): 31~35.

[28] 郭鹤桐，张三元. 复合镀层 [M]. 天津: 天津大学出版社, 1991.

[29] Le Pape-rerolle C, Petit M A, Wiart R. Catalysis of oxygen evolution on IrO_x/Pb anodes in acidic sulfate electrolytes for zinc electrowinning [J]. JAppl Electrochem, 1999, 29 (11): 1347~1350.

[30] 朱松然. 蓄电池手册 [M]. 天津: 天津大学出版社, 1998.

[31] 唐明成，周华文. 铅酸蓄电池用铅合金的研究 [J]. 湖南有色金属, 2005, 22 (1): 27~29.

[32] Beer H B. The invention and industrial development of metal anodes [J]. J Electrochem Soc, 1980, 127 (8): 303c~308c.

[33] Guan, Y J, Xia, Y. Review on plasma electrolytic deposition [J]. Adv. Mech., 2004, 34 (2): 237~250.

[34] Pico F, Ibanez J, Centeno T A. RuO_2 center dot Xh (2) O/NiO composites as electrodes for electrochemical capacitors-Effect of the RuO_2 content and the thermal treatment on the specific capacitance [J]. Electrochim Acta. 2006: 4693.

[35] Pleskov Yu V, Evstefeeva Yu E, A. M. Baranov. Threshold effect of admixtures of platinum on the electrochemical activity of amorphous diamond-like carbon thin films [J]. Diamond and Ralated-Materials. 2002, 11 (8): 1518~1522.

[36] Shih W Lee, Frank G. Shi, Sergey D. New copper seed-layer enhancement process metrology for advance dual-damascene interconnects [J]. J, Electron. Mater., 2003, 32 (4): 272~277.

[37] Moskalyk R R, Alfantazi A, Tombalakian A S. Anode effects in electrowinning [J]. Minerals Engineerings, 1999, 12 (1): 65~73.

[38] Mahe'E, Devilliers D. Surface modification of titanium substrates for the preparation of noble coated anodes [J]. Electrochim. Acta, 2002, 46: 629~636.

[39] Chu D B, Shen G X, Zhou X F, et al. Electrocatalytic activity of nanocrystalline TiO_2 films modified Ti electrode [J]. Chem J. Chin. Univ., 2002, 23: 678~681.

[40] Zhu D B, Wang E W, Wei Y J. Elecrocatalytic activities and preparation of nanocrystalline TiO_2-Pt modified electrode [J]. Acta Phys. Chim. Sin., 2004, 20 (2): 182~185.

[41] Petr Zuman, James F, Rusling. Polarographic studies of adsorption on mercury electrodes [J]. Encyclopedia of Surface and Colloid Science, 2002: 4143~4161.

[42] Gueneau de Mussy J P, Macpherson J V, Delplancke J L. Characterization and Behaviour of Ti/TiO_2/Noble Metal Anodes [J]. Electrochim. Acta, 2003, 48: 1131~1141.

[43] Mozota J, Conway B E. Cheminform Abstract: modification of apparent electrocatalysis for anodic chlorine evolution on electrochemically conditioned oxide films at iridium anodes [J]. Chemischer Informationsdienst, 1982, 13 (5): 2142~2149.

[44] Krýsa J, Kule L, Mráz R, et al. Effect of coating thickness and surface treatment of titanium on the properties of IrO_2-Ta_2O_5, anodes [J]. Journal of Applied Electrochemistry, 1996, 26 (10): 999~1005.

[45] Jirkovsky J, Hoffmanno Va M. , Krtil P. J. Nickel surface anodic oxidation and electrocatalysis of oxygen evolution [J]. Electrochem. Soc, 2006, 153: El 11~El 18.

[46] Feng J, Johson D C. Electrocatalysis of anodic oxygen-transfer reaction srtitanium substrates for pure and doped lead dioxide films [J]. Journal of the Electrochemical Society, 1991, 138 (11): 3328~3337.

[47] Casellato U, Cattarin S. Preparation of porous PbO_2 electrodes by electrochemical deposition of composites [J]. Electrochimica Acta, 2003, 48 (27): 3991.

[48] Velichenko A B, Baranova E A, Girank D V, et al. , Mechanism of electrodeposition of lead dioxide from Nitrate solutions [J]. Russian Journal of Electrochemistry, 2003, 39 (6): 615~621.

[49] 梁镇海，王森，孙彦平 . Ti/SnO_2+SbO_2+RuO_2/Pb_2O_4 阳极研究 [J]. 无机材料学报，1995, 10 (3): 381~384.

[50] Berthome G, Prelot B, Thomas F. Manganese dioxides surface properties studied by XPS and gas adsorption [J]. Journal of the Electrochemical Society, 2004, 151 (10): A1611~A1615.

[51] He Deliang, Mho Sun-l. Electrocatalytic reactions of phenolic compounds at ferricion co-doped SnO_2, Sb^{5+} electrodes [J]. Journal of Electroanalytieal Chemistry, 2004, 568 (1~2): 19~27.

[52] Gorodetskii V V, Neburchilov V A. Titanium anodes with active coatings based on iridium oxides: Asublayer between the active coating and titanium [J]. Russian Journal of Electro-Chemistry 2003, 39 (10): 1111~1115.

[53] Han W, Chen Y, Wang L. Mechanism and kinetics of electrochemical degradation of isothiazolin-ones using Ti/SnO_2-SbO_2 anode [J]. Desalination, 2011, 276 (1~3): 82~88.

[54] Hwang B J, Lee K L. Electropolymerization of pyrrole on PbO_2/SnO_2/ Ti Substrate [J]. Thin solid films, 1996, 279 (1~2): 236~241.

[55] 石绍渊，孔江涛，朱秀萍 . 钛基 Sn 或 Pb 氧化物涂层电极的制备与表征 [J]. 环境化学，2006, 25 (4): 429~434.

[56] 罗文秀，任鹏程，谭忠恪 . SnO_2 薄层晶体的结构与透明导电性研究 [J]. 功能材料，1993, 24 (2): 129.

[57] 梁镇海，孙彦平 . Ti/SnO_2+Sb_2O_4+MnO_2/PbO_2 阳极性能的研究 [J]. 无机材料学报，

2001, 16 (1): 183~187.

[58] 薛彩霞, 梁镇海. Ti/SnO_2-Sb_2O_4+CF/PbO_x 电极的制备及其性能研究 [J]. 太原理工大学学报, 2007, 38 (5): 431~434.

[59] 朱松然. 蓄电池手册 [M]. 天津: 天津大学出版社, 1998.

[60] 赵金珠. 铅蓄电池极栅合金综述 [J]. 电源技术, 2002, 26 (2): 119~121.

[61] 苏向东. 电积铜用惰性 Pb 基合金阳极的工业试验. 有色金属 [J], 2002 (4): 43~45.

[62] 李鑫. 稀土在铅基合金中的应用 [J]. 有色金属, 2003, 55 (2): 15~17.

[63] 彭容秋. 锌冶金 [M]. 长沙: 中南大学出版社, 2005.

[64] 唐明成, 周华文. 铅酸蓄电池用铅合金的研究 [J]. 湖南有色金属, 2005, 22 (1): 27~29.

[65] 洪波. 锌电积用铅基稀土合金阳极性能研究 [D]. 长沙: 中南大学, 2010.

[66] 袁学韬, 吕旭东, 华志强, 等. 电积铜用铅合金阳极的腐蚀行为研究 [J]. 湿法冶金, 2010, 29 (1): 20~23.

[67] 衷水平, 赖延清, 蒋良兴, 等. 锌电积用 Pb-Ag-Ca-Sr 四元合金阳极的阳极极化行为 [J]. 中国有色金属学报, 2008, 18 (7): 1342~1346.

[68] 刘漫博. 铅基阳极在锌电积中的应用试验研究 [D]. 西安: 西安建筑科技大学, 2008.

[69] Stefanov Y, Dobrev T. Potentiodynamic and electronmicroscopy investigations of lead-cobalt alloy coated lead composite anodes for zinc electrowinning [J]. Transactions of the Institute of Metal Finishing, 2005, 83 (6): 296~299.

[70] Rashkov S, Doberev T, Noncheva Z, et al. Lead-cobalt anodes for electrowinning of zinc from sulphate electrolytes [J]. Hydrometallurgy, 1999, (52): 223~230.

[71] Hrussanova A, Mirkova L, Dobrev T, et al. Influence of temperature and current density on oxygen overpotential and corrosion rate of Pb-Co_3O_4, Pb-Ca-Sn, and Pb-Sb anodes for copper electrowinning: Part I [J]. Hydrometallurgy, 2004, 72 (3~4): 205~213.

[72] Hrussanova A, Mirkova L, Dobrev T. Influence of additives on the corrosion rate and oxygen overpotential of Pb-Co_3O_4, Pb-Ca-Sn and Pb-Sb anodes for copper electrowinning: Part Ⅱ [J]. Hydrometallurgy, 2004, 72 (3~4): 215~224.

[73] Hrussanova A, Russanova A, Mirkoval L, et al. Electrochemical properties of Pb-Sb, Pb-Ca-Sn and Pb-Co_3O_4 anodes in copper electrowinning [J]. Journal of Applied Electrochemistry, 2002, 32 (5): 505~512.

[74] Petrova M, Stefanov Y, Noncheva Z, et al. Electrochemical behaviour of lead alloys as anodes in zinc electrowinning [J]. British Corrosion Journal, 1999, 34 (3): 198~200.

[75] Zhong S. Characterization of a novel lead-aluminium alloy, Proceedings of the 2nd International Symposium on New Materials for Fuel Cell and Modern Battery Systems [J], Montreal, Canada, 1997: 178~184.

[76] Zhu M, et al. Mechanical Alloying of Immiscible Al-Pb Binary System by High Energy Ball Milling [J]. Journal of Materials Science, 1999, (33): 5873~5881.

[77] Hang-Moule Kim, et al. Microstructure and Wear Characterstics of Rapidly Solidified Al-Pb-Cu Alloys [J]. Materials Science and Engineering A, 2000, (287): 59~65.

[78] Mohan S, et al. Friction Characteristics of Stir-cast Al-Pb Alloy [J]. Wear, 1992, (157): 9~17.

[79] Wang Jun, et al. Trbological Behavior of Hot-Extruded Al-Si-Pb Bearing Alloy [J]. Tribology, 2002, 22 (4): 268~273.

[80] Ichikawa K, Ishizuka S. Production of Al-Pb alloys by rheocasting [J]. Trans. Jpn. Inst. Met., 1987, 28 (2): 145~153.

[81] 朱敏. 难互溶体系中合金的机械合金化合成 [J]. 功能材料, 1992, 23 (6): 346~349.

[82] 方芳, 朱敏. Al-Pb 互不溶体系机械合金化过程中固溶度的计算 [J]. 中国有色金属学报, 2002, 12 (第1辑): 24~29.

[83] 周生刚, 竺培显, 等. Pb-Al 二元体系液-固界面自由能的热力学理论计算 [J]. 物理化学学报, 2009, 25 (11): 2177~2180.

[84] 潘君益, 郭忠诚. 锌电积用惰性阳极材料的研究现状 [J]. 云南冶金, 2004, 33 (6): 31~35.

[85] 曹建春, 郭忠诚, 潘君益, 等. 新型不锈钢基 PbO_2/ PbO_2-CeO_2 复合电极材料的研制 [J]. 昆明理工大学学报, 2004, 29 (5): 38~41.

[86] 潘君益. 锌电积用 Al 基 Pb-WC-ZrO_2 复合电极材料的研究 [D]. 昆明: 昆明理工大学, 2005.

[87] 苗治广. 电沉积法制备 SS/PbO_2-WC-ZrO_2 聚苯胺复合惰性阳极材料的研究与应用 [D]. 昆明: 昆明理工大学, 2006.

[88] 叶匀分, 王志宏, 李承瑞. 采用高过电位阳极处理废水中酚的研究 [J]. 上海化工工程设计与研究, 1999, 24 (11): 18~21.

[89] Feng J, Johnson D C. Electro catalysis of anodic oxygen-transfer reaction, Alpha-lead dioxide electrodeposited on stainless steel substrates [J]. Journal of Applied Electrochemistry, 1990, 20 (1): 116~124.

[90] 王桂清, 刘敏娜. 塑料基体上化学镀二氧化铅 [J]. 电镀与环保, 1995, 15 (3): 20~21.

[91] 王桂清, 刘敏娜. 聚丙烯塑料板基体二氧化铅电极的制备 [J]. 材料保护, 1995, 28 (3): 18~19.

[92] 王桂清, 刘敏娜. ABS 塑料板基体 PbO_2 电极的制备 [J]. 无机盐工业, 1995, (4): 31~32.

[93] 周海晖, 陈范才, 赵常就. 环氧板二氧化铅电极的制备及其性能测试 [J]. 表面技术, 2000, 29 (2): 15~16.

[94] 陈振方, 蒋汉瀛. PbO_2-ABS 塑料电极的研制及其性能 [J]. 材料保护, 1992, 25 (1): 6~7.

[95] 竺培显, 周生刚, 孙勇, 等. Bi 对 Pb-Al 层状复合电极材料制备与性能的影响 [J]. 稀有

金属材料与工程，2010，39（5）：911~914.

［96］周生刚，竺培显，黄文芳等．Pb-Al 二元体系液-固界面自由能的热力学理论计算［J］. 物理化学学报，2009，25（11）：2177~2180.

［97］Huiyu Ma，Peixian Zhu，Shenggang Zhou. Preliminary Research on Pb-Sn-Al Laminated Composite Electrode Materials Applied to Zinc Electrode Position［J］. Advanced Materials Research，2011（150~151）：303~308.

第1章 超声波凝固与塑性变形方法细化晶粒尺寸

1.1 晶粒细化技术

由 Minarik[1]的研究，晶粒大小及组织均匀度对电极耐蚀性、导电和析氧电位有较大影响。均匀细小致密的组织结构能加速阳极内部的电子传输，从而降低电极电阻，减少能源消耗。此外，阳极整体的综合性能也得到了不同程度的提高。因此，通过采用适宜的细晶技术来调整和改善材料的平均晶粒度及分布，从而获得一种新的微观组织结构并借此来获得一种兼具低成本和较高性能的阳极材料是值得进一步深入研究和探讨的。

根据材料加工流程，晶粒细化方法分为：其一是对处于流动状态的金属熔体施加物理声场处理技术。研究者们通过向金属熔体中引入物理场，利用它们之间的相互作用打碎将要凝结的初始晶，细化和致密化材料的组织结构，从根本上控制晶粒的尺寸。该技术清洁环保，操作简便，设备简单；其二是对固体金属施加大塑性变形技术。该技术因其强大的晶粒细化和均化能力，使材料表现出优异的综合性能和使用性能，已然成为现代材料制备与加工的主流技术，备受人们关注和青睐。该种工艺的应用可有效细化材料后续的晶粒尺寸。通过两种细化工艺的合理结合，可以控制晶粒尺寸在一定范围内变动，以晶粒组织与性能的内在联系作为依据，进而调控该材料的综合性能。下面就目前现有的两类细晶技术做简要介绍。

1.2 外加电磁超声波等物理能量场处理技术

多种电磁超声等的物理场对金属凝固过程作用的研究起源于 20 世纪 30 年代，由于受到当时科学技术和理论研究手段的限制，使得该技术的发展一度停滞不前。在 21 世纪后，由于物理、材料和电子等领域的迅猛发展，才使该技术脱离瓶颈有了进一步的飞跃，成为制备环境协调性材料的研究热点。外加电磁超声等物理场处理技术主要通过向熔融态的金属流体中施加外部的多种电磁超声等物理能量以影响材料的凝固行为和凝固过程，从而得到不同的凝固组织。目前该研究主要集中在以下三个方面：（1）电流处理技术，即向金属熔融体中通入直流、交流或脉冲电流；（2）磁场处理技术，即将金属熔体放置在各种方向或交变磁场中凝固；（3）超声处理技术，即对金属熔融体施加超声波。

1.2.1 外加电流凝固处理技术

电流处理技术是指在金属或合金凝固过程前或凝固过程中对金属熔融体施加直流、交流或脉冲电流以影响和控制金属凝固组织和最终性能的绿色环保的新型细晶技术。该工艺应用广泛，无论是低熔点的铅锡合金，还是较高熔点的铝铜合金，甚至高熔点的钢铁都有涉及。电流处理技术的通电方式有上下两端通电和单端通电两种，如图 1-1 所示。

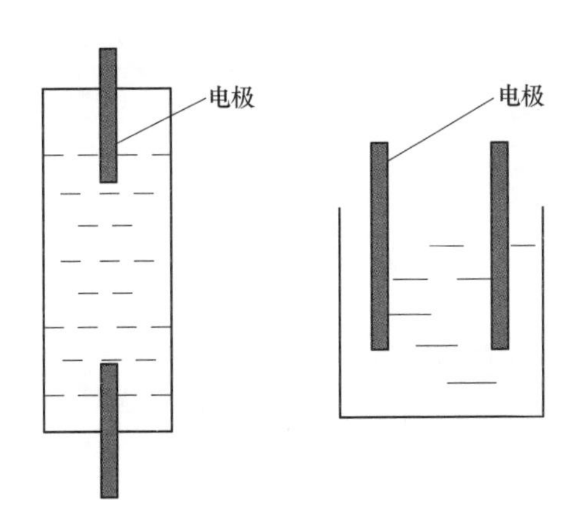

图 1-1 电流处理技术的两种通电方式[2]

该技术起源于 20 世纪 60 年代，Crossley F A 等人[3]在金属熔体中无意间通入高密度的直流电场，发现所制得的金属凝固组织相比直接凝固的金属得以细化。80 年代中期，Misra 等人[4,5]在处理铅锑及铅-锑-锡三元合金的凝固过程中率先使用了电流处理技术。发现所通的直流和交流电流对合金晶粒的细化有显著效果。此外，研究者发现对金属使用该技术，无论是在晶粒尺寸上还是组织结构、生长形态、分布上都比普通条件下有所改善，其性能也得到了大幅度的提升。究其原因可能是因为电流可以通过尖端接口溶质浓度增加，过冷的熔体组合物之间产生；此外它可以是一个电场，使金属熔体的界面上的热效应，从而导致干扰发生在接口[6]，减少界面处的温度梯度，进而降低了界面处的温度梯度，使得界面附近的枝晶重熔，不断变化的原子团结构、尺寸和数量加剧了结构、能量及温度起伏，促进金属均质形核，使得所制备的最终晶粒组织十分细小均匀。

脉冲电流法处理金属是在 90 年代初由 Nakada 等人[7]提出的，研究发现，在该电场的作用下，本应该形成球状枝晶凝固结构处理后变为球状，而先共晶相也从枝晶状变为颗粒状，如图 1-2 所示。

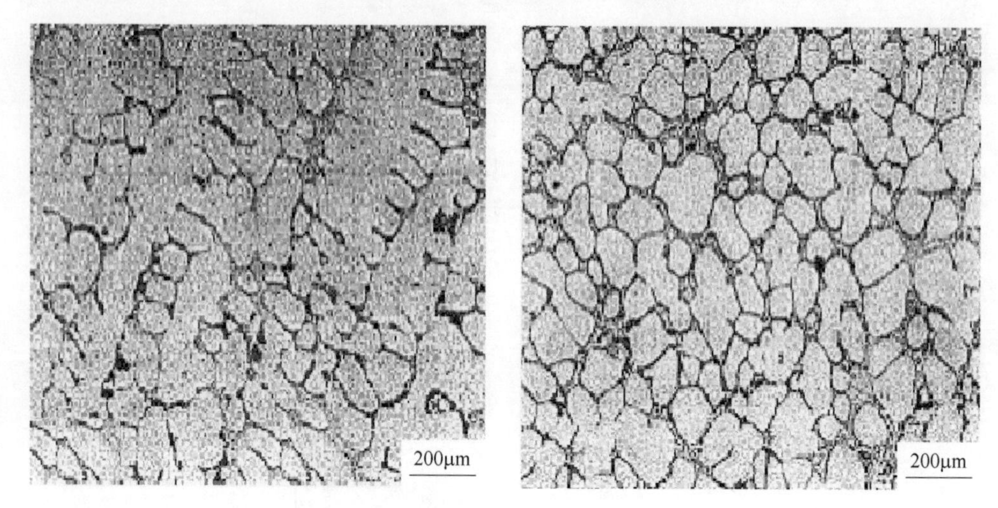

图 1-2　脉冲电流对 Pb-Sn 合金凝固组织的影响[7]

在脉冲电场中，形核率公式如下：

$$u_l = u_0 \exp\left\{-\frac{\Delta G - \eta\xi\pi r^2 J_0^2 \Delta V}{k_B\left[T + J^2\tau(\sigma_2\rho c)^{-1}\right]}\right\} \tag{1-1}$$

式中　u_0，u_l——金属处理前后的形核率；

ΔG——临界形核功；

η——与球坐标有关的定值。

$$\xi = (\sigma_1 - \sigma_2)/(\sigma_1 + \sigma_2) \tag{1-2}$$

式中　σ_1，σ_2——晶核和母相的电导率；

r——球形晶核半径；

J_0——形核前的电流密度；

ΔV——晶核体积；

k_B——玻耳兹曼常数；

T——绝对温度；

τ——通电时间；

ρ——密度；

c——质量热容。

从公式（1-1）可知，增大脉冲电流和延长通电时间可明显使金属的形核势垒减少，从而增加金属的形核率。

此外，不断快速变化的脉冲磁场会在金属熔体中形成磁场，交互作用的电磁场将会强烈压缩金属熔体，由于其对熔体收缩的不均性，导致不同位置上熔体流速存在区别，形成速度梯度，促使金属流体往复运动于垂直电流的方向。这种行为产生的剪切应力不但可打碎初始的树枝晶，还加速了熔体的散热，增加过冷度，提高形核率。

脉冲电流技术在目前电流处理技术中应用最广，首先它改善了电路负荷过大的问题，其次，减小了电流场产生的焦耳热，提高了对人和设备的安全性。

1.2.2　外加磁场凝固处理技术

磁场处理技术于20世纪60年代，由Asai等人[8]研究发明而来的，利用金属与磁场对相互作用，产生对流和空化效应，并伴有电磁振动，影响金属凝固过程，从而改善金属凝固组织。另外，电场通入熔体中会因金属电极接触污染熔炼金属，而磁场的施加则避免了这一缺陷，还可制得洁净度高带状偏析少的金属材料。图1-3为磁场对金属熔体的作用方式。

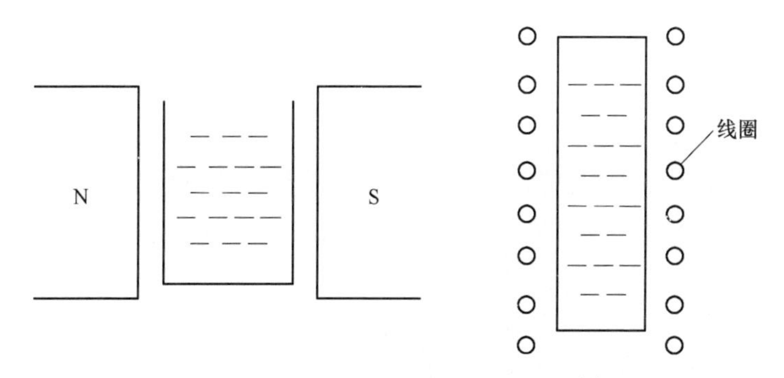

图1-3　磁场对金属熔体的作用方式[2]

按所施电流的种类不同，可分为直流磁场、交流磁场和脉冲磁场三类[9]。

直流磁场对熔体的作用力为磁场力，该力会抑制金属熔体之间的对流，产生“电磁制动”效应[10]，减少枝晶融化和晶核重熔，改变金属的生长形态。另外，磁场力还可驱使熔体的流动方向，因此磁场常应用于流动性能差的各类金属的充型塑形中。此外，人们还通过电磁力来控制晶体的生长过程，减少熔体中熔渣和晶体中的缺陷。

在交变磁场中，研究者充分发掘磁场的更多特质，如金属液进行形状控制、电磁悬浮和电磁搅拌技术[11,12]。交变磁场不仅具有直流磁场抑制金属液流动的特质，还可在没有模具的情况下完成金属的熔炼与成型，既能保证产品形状又能避免外界对金属液的污染，使得所制产品在具备优良性能的同时，还拥有较高的表面质量；电磁悬浮是通过交变磁场产生与金属液滴重力相平衡的作用力，使得金属液得以在悬浮的状态下实现较大过冷度的金属凝固技术；电磁搅拌则是通过旋转磁场产生感应电流，促使金属液运动而起到对其搅拌的作用，但该工艺不易调控，处理不当会引起带状偏析等质量问题。

脉冲磁场是近年来新发展的一项细化技术，其改善了直流和交变磁场较低磁场强度的缺陷，细化效果更为显著，且对设备要求并不严苛，仅需较低的功率即可获得较大的磁场能量。脉冲磁场使熔体内产生脉冲涡流。涡流和磁场之间相互作用即产生洛仑兹力和磁压强。它们是剧烈变化的，且其强度远大于金属熔体的动力压强，这就使金属熔体产生强烈振动。这种振动一方面增加了熔体凝固中的过冷度，提高形核率；另一方面在熔体内造成强迫对流，使凝固过程中树枝晶或难以长大，或被折断、击碎，而这些破碎的枝晶颗粒游离于结晶前沿的液体中又会成为新的生长中心。所以脉冲磁场强度越大，细化效果越显著。

1.2.3 外加超声凝固处理技术

超声波处理技术是在金属凝固过程中引入功率超声波，利用声场与金属液体之间产生的多种综合效应及压力场、流动场和温度场等共同作用，改变或控制金属凝固过程和凝固行为，并使处理后的金属材料具有致密组织和优良的性能。其不仅可细化组织均化组织，还能均匀成分，减少宏观偏析和微观偏析等缺陷。该技术起源于20世纪30年代，应用范围极广，从低温合金（如Pb-Sn合金）、中温合金（如Al系合金）到高温钢液，均有涉及。随着科技的发展，研究者已将这种频率高达20000Hz的声波扩展到诸多其他领域，如化工、生物、医药、废水处理、军事等[13~15]，并起到举足轻重的作用。

超声波的综合效应主要有四种，即空化、声流、机械和热效应。超声处理技术便是利用这些效应击碎熔体中的晶粒进而细化组织的。空化效应则是通过施加大于液体张力的超声场强，使得金属液得以撕裂变化为无数气泡的过程。虽然该现象只是在微小范围内作用，但由于周围波动频率很高，产生了循环空化效应[16~18]，势必影响整个系统。空化泡的形成不仅可击碎初始晶体，使之成为晶核，促进形核，并且空化泡从外界吸收热量，在熔体内形成温度差，并在局部产生较大的过冷度，这有利于提高形核率获得细化的组织[19,20]。

声流效应的产生主要是由于在熔体中金属液的粘力会阻滞超声波的传播，从声源处开始逐渐削弱并在熔体内部形成声压梯度，促进金属熔体的流动。而当声压值大于某一数值时，在超声波的作用下金属液中会产生环流，与紊流结合成声流，其不仅可明显提高温度场的均匀性，还对颗粒有搅拌作用。另外，在声波的波面处会产生局部的高压，使得正在形核长大的晶胚脱落，被搅拌到熔体各处，从而改变金属的结晶方式[21]；机械效应主要表现为：（1）在熔体中形成强烈的机械搅拌，促进熔体的流动；（2）利用超声振动促使液固、液气界面发生相互扩散；（3）均匀分散破碎在金属熔体中的晶粒；热效应源于机械效应、温热效应和空化效应，并将其转化为热能，可引起边界处局部发热[22]。

此外，影响金属凝固组织和凝固行为的因素主要为超声波功率和超声波导入方式。一般来说，晶粒的细化程度会随着超声波功率的增大而升高，但这并不意味着细化没有限制，而是存在一个功率阈值，其值的大小由合金种类决定[23,24]；超声波导入方式如图 1-4 所示。

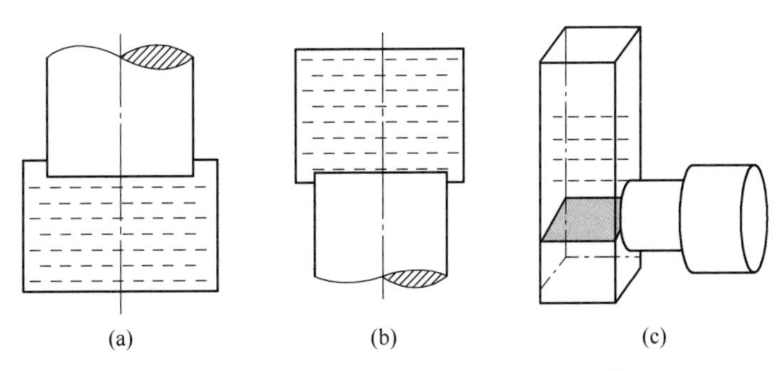

图 1-4 金属熔体中超声波三种导入方式[25]
(a) 上部导入；(b) 下部导入；(c) 侧边导入

图 1-4 中，(a)、(b) 所示，为上部和底部导入两种方式。上部导入是最为常见的超声导入方式，操作简便易行，但由于操作过程中探头会直接与熔体表面相接触，使之极易遭到腐蚀，且超声波会将表面形成的氧化膜搅拌到熔体内部，影响产品质量。相比于上部导入式，底部导入式可避免超声振动引起的夹杂，但在相同功率下，处理效果远没有前者好。研究者为改善上述两种导入方式的不足，研发出侧部导入式，既减少工具头的侵蚀，又避免了外来夹杂，如图 1-4 (c) 所示。

尽管目前的超声处理工艺存在着诸多不足，如超声波在熔体中传播衰减严重，使之利用率低；细化效果与探头的距离相关，近处晶粒细化效果好，远处较差，但超声处理工艺并不会造成材料自身和外界的污染，并提高了材料的可回收性。这是传统添加剂技术不能比拟的，这些优势仍会推动研究者们不断努力研究并使该技术日趋成熟。

1.3 大塑性变形技术

20 世纪 90 年代初，俄罗斯科学家 R. Z. Valiev[26] 等人率先开发和研究出大塑性变形法（Severe Plastic Deformation，SPD），并通过此工艺成功地制备出超细晶材料。该工艺可在变形过程中引入应变量超过 4.0 的真应变，从而有效细化晶粒，所制备材料平均晶粒尺寸一般为 100nm 左右，甚至可达纳米级。此外，该工艺还具有许多优点，如在制备过程中不易引入微孔及杂质，可制备结构致密的大体积试样；适用范围宽，广泛应用于有色金属、黑色金属、合金、复合材料、半导体材料等[27]；材料界面干净、性能稳定[28]；特别适用于研究材料组织性能之间的关系[29,30]；环境友好，节能降耗等。

大塑性变形加工技术的微观本质是细晶强化，根据 Hall-Petch 公式 $\sigma = \sigma_0 + kd^{-\frac{1}{2}}$，晶粒尺寸 d 在一定的范围内，强度随晶粒的不断细化而迅速增大，但存在一定的阈值，即 1000nm，当晶粒尺寸小于阈值时，作用在材料上为位错细化、孪晶细化和相变细化[31]等多种综合强化机制。

大塑性变形加工技术常见的方法主要有以下几种：等通道转角挤压法（equal channel angular pressing，ECAP）、大应变轧制法（large strain rolling，LSR）、累积叠轧（accumulative roll bonding，ARB）、高压扭转变形（high pressure torsion，HPT）、搅拌摩擦加工技术（friction stri processing，FSP）、多向锻压（multi-directional forging，MDF）等。

1.3.1 等通道转角挤压技术

在大塑性变形方法中最为常用的是等通道转角挤压法，它是前苏联 Segal[32] 等人在 20 世纪 80 年代提出的，工作原理如图 1-5 所示。将材料放置于以一定角度（内交角为 ϕ，外接弧角为 φ）相交的等通道的挤压模具中，并外界施加压力 P 对材料进行挤压并产生大量的剪切形变，随着挤压道次的增加，材料中的应变量会不断累积叠加到十分巨大，此种工艺制备后的材料常具有大角度晶界结构，这种结构使得材料获得许多优异的综合性能[33]，如力学性能、热稳定性和耐腐蚀性等。该工艺前景广阔，已被研究者应用于钛、铝、镍、镁、铜等系列合金[34]。

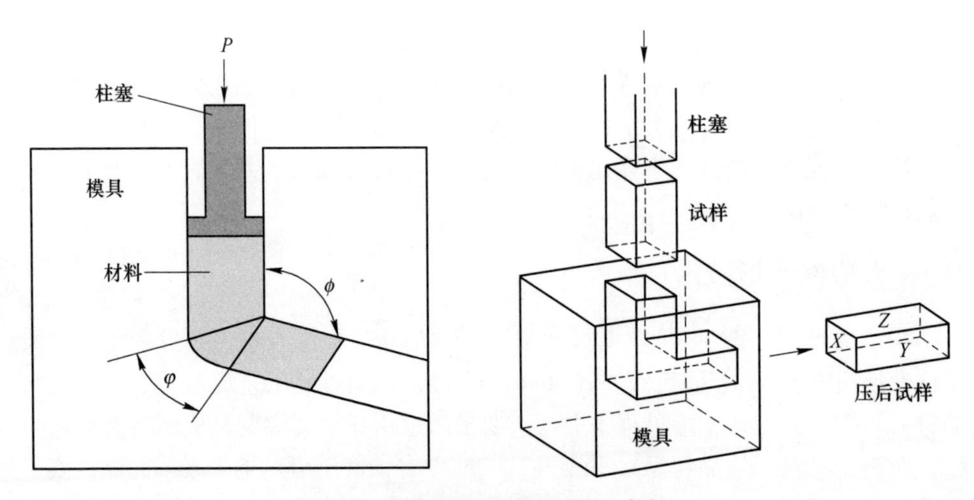

图 1-5 ECAP 工艺流程示意图[35]

在挤压过程中，模具内角 ϕ 和外角 φ、挤压道次、挤压路径、挤压温度等因素都是影响材料组织与性能的参数。

累积等效总应变量 ε_N 计算见式（1-3）[36]：

$$\varepsilon_N = N\left\{\frac{2\cot\left(\frac{\phi}{2}+\frac{\varphi}{2}\right)}{\sqrt{3}}+\frac{\varphi\cos\left(\frac{\phi}{2}+\frac{\varphi}{2}\right)}{\sqrt{3}}\right\} \tag{1-3}$$

式中 ε_N——累积等效总应变量；

N——挤压道次；

ϕ——内交角；

φ——外接弧角；

由公式（1-3）可知，等效总应变量 ε_N 的大小取决于挤压次数 N、内角 ϕ 和外角 φ，并可通过其来改变总应变量从而控制晶粒细化的程度。

另外，研究发现[37,38]，虽然内角 ϕ 大于或小于 90°会比 90°更容易获得均匀的微观组织，但仅当 $\phi=90°$ 时，挤压材料更易得到性能优异的大角度晶界组织结构，此时角度因素最优。

挤压路径对晶粒细化效果和组织结构有着重要的影响，挤压路径可分为四种，即路径 A、B_A、B_C 和 C，示意图如图 1-6 所示。

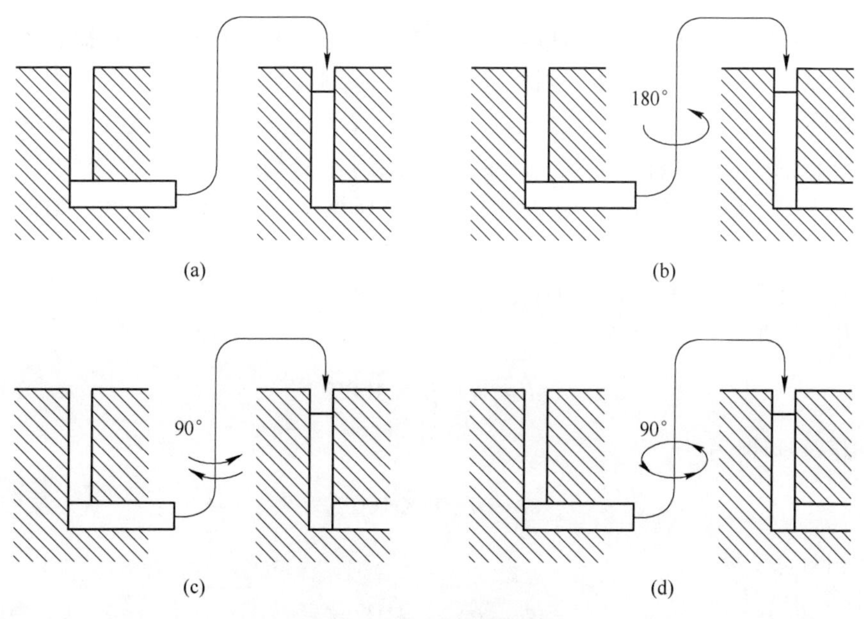

图 1-6 四种挤压路径[39]

（a）路径 A；（b）路径 C；（c）路径 B_A；（d）路径 B_C

挤压路径对组织的影响主要是由于挤压后的旋转角度的不同，如路径 A 每道次挤压后不旋转，即同一方向上受到的剪切变形很大，易使得晶粒呈现片状；路径 C 每道次挤压后会旋转 180°，剪切方向发生更迭，此种路径易获得等轴晶；而路径 B_A 和 B_C 每道次挤压后分别为按 90°交替旋转和同一方向旋转挤压，通过这两种路径均可获得纤维状的组织结构[40]。

挤压温度[41,42]对于组织的影响主要在于温度的升高易发生回复再结晶过程，这会导致大量的位错消失而向亚稳态或稳定态的粗晶转化，且随着挤压温度的升高，晶粒长大倾向增大，大角度晶界将向小角度晶界进行转变，从而丧失细晶独有的性能。

目前，等通道转角挤压法在实际应用中还存在以下需要考虑的因素：(1) 对材料的塑性有要求。塑性差的材料在室温下通过模具时易开裂，而高温下进行又对模具有较高要求；(2) 生产效率低。每道次的进行均需要人工操作，不利于大型产业化；(3) 模具成本高，损耗大；(4) 制备材料尺寸受限。施加的压力与试样体积成正比，实际设备无法在提供大压力的同时保证操作安全；(5) 表面质量受影响。在挤压塑性较好的材料时往往会将使用的润滑剂颗粒嵌入挤压材料中，难以清洗，导致制品表面质量较差。

1.3.2　大应变轧制法

大应变轧制技术是一种简单常见的大塑性变形工艺，其操作流程短、生产效率高。在大应变轧制过程中，当材料与轧辊相接触并呈一定咬入角时，由于它们之间存在摩擦，会将材料带入轧辊中压制发生塑性变形，可通过改变轧辊间距来控制所制备产品的尺寸和形状，该工艺主要用于制备型材、板材、管材等。

图 1-7 为大应变轧制过程示意图，*ABCD* 所围区域为弹性变形区、塑性变形区和弹性恢复区。

常用计算变形量公式[43]如下：

相对压下量：

$$(H - h)/H \times 100\% \tag{1-4}$$

相对延伸量：

$$(l - L)/L \times 100\% \tag{1-5}$$

相对宽变量：

$$(b - B)/B \times 100\% \tag{1-6}$$

式中　H，h——大应变轧制前后板材的厚度；

　　　l，L——大应变轧制前后板材的长度；

　　　b，B——大应变轧制前后板材的宽度。

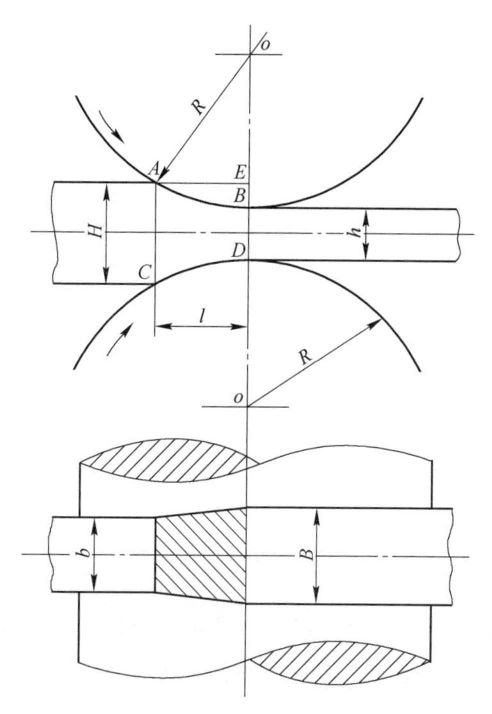

图 1-7　轧制过程示意图[44]

此外，晶粒组织受温度的影响很大，且以材料再结晶温度为标尺分为热轧与冷轧两种工艺。热轧可以破坏原始组织，获得细小致密的组织，但材料内部的非金属夹杂经轧制后会形成薄片导致材料分层，从而使得材料性能受影响。虽然一般冷轧会导致材料产生冷作硬化，但对于再结晶温度远低于室温的金属而言，冷轧不仅能消除纤维组织缺陷，而且还能有效地控制晶粒的长大趋势，获得均匀细小的晶粒，改善金属的综合性能[45]。

1.3.3　累积叠轧法

在众多剧烈塑性变形技术中，轧制技术无疑是最为便利，应用最为广泛的。然而金属的厚度并非可以无限地降低，这限制了轧制技术细化金属的程度。为了解决材料总应变量限制问题，研究者在普通轧制技术的基础上发明了累积叠轧工艺，即将经过预处理的两块尺寸相等的板材叠合进行轧制使之自动焊合成为一个整体，而后将板材剪成尺寸相同的若干段，如此反复进行表面处理轧制的过程直至到达理想厚度，累积叠轧工艺流程如图 1-8 所示。由于金属反复进行轧制，则累积叠轧法的总应变量较大，远高于传统轧制累积的应变量，且通过累积叠轧工艺，材料可获得超细化的显微组织，且不存在普通轧制法存在的夹杂物分层现象，材料性能优异稳定。

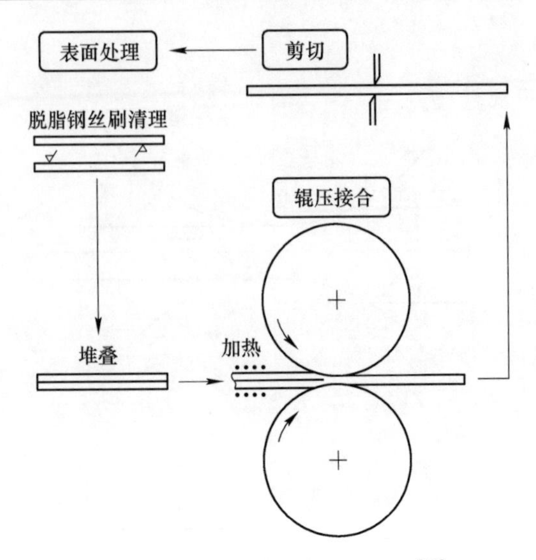

图 1-8　累积叠轧法工艺流程图[46]

与其他大塑性变形技术相比，累积叠轧有其独特优点：该工艺不仅是一种塑性变形工艺（同种金属叠轧），还是一种层状复合制备工艺（异种金属叠轧）；仅需要轧制，并不需要其他辅助设备，是一种成本低廉可广泛应用的制备工艺；是为数不多高效率可连续生产的技术；为了防止材料所产生的累积应变量被再结晶效果削弱，轧制温度需低于再结晶温度（轧制温度不超过 $0.2T_m$ 时可制备纳米晶组织，不超过 $0.4T_m$ 时可制备亚微米晶组织，T_m 为材料的熔点），但由于材料所受总应变量大，低温轧制时易导致材料发生边裂，不过这个问题可通过技术改进避免[47]；轧机每次需对材料施加大于 50%的压下量以保证经过轧制后两板材能够密实焊合为一体；细晶能力卓越，晶粒细化程度随着叠轧次数的增大而变高变均匀。

目前，累积叠轧技术已广泛应用于铝、镁、钢、铜、锆、钛等系列合金[48]，是唯一有希望实现工业化的大塑性变形工艺。

1.3.4　高压扭转法

高压扭转法是通过挤压杆对材料施加几兆帕压力的同时还对其进行扭转的一种工艺，材料内部易产生剪切变形。高压扭转法原理如图 1-9 所示。该工艺可制备性能优异且具有大角度晶界的超细晶，其晶粒尺寸是几种方法中最小的，易获得纳米级晶粒，但所制备材料的尺寸大小受到限制，直径通常在 10~20mm 之间。且相比其他工艺而言，HPT 产品不易发生破裂，但却容易导致材料受力区和其他区域组织不均匀，这可以通过增加旋转圈数和减小变形压力来避免该现象的发生[49]。

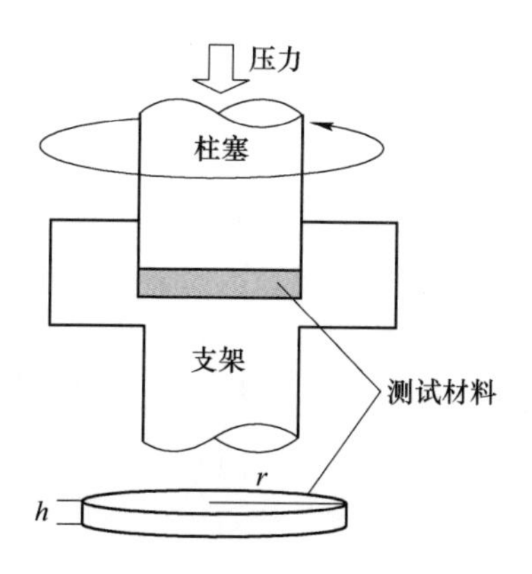

图 1-9 高压扭转法原理示意图[50]

在变形过程中，当剪应变 $\gamma=2\pi Nr/h<0.8$ 时，材料的变形量 ε 可用公式[51]（1-7）计算：

$$\varepsilon=\frac{\gamma}{\sqrt{3}} \tag{1-7}$$

式中 N——旋转圈数；

r——与材料中心之间的距离；

h——材料厚度。

若 γ 大于等于 0.8 时，变形量由公式（1-8）[52]计算：

$$\varepsilon=\frac{2}{\sqrt{3}}\ln\left[\left(1+\frac{\gamma^2}{4}\right)^{\frac{1}{2}}+\frac{\gamma}{2}\right] \tag{1-8}$$

考虑到材料厚度对所受应变量有影响，将公式修正为公式（1-9）：

$$\varepsilon=\ln\left(\gamma\frac{h_0}{h}\right) \tag{1-9}$$

式中 h_0，h——材料高压扭转前后的厚度。

目前，高压扭转法已成功应用于铜、铝、钛等合金及其金属间化合物，固化粉末材料和复合材料中[53]，但此种工艺还存在以下问题：（1）材料组织的轴向与纵向因受力不相同所以差异较大；（2）经处理后的材料虽易获得较高的硬度，但延展性变差易脆，不利于后续加工；（3）尺寸受限，无法获得大尺寸制品因而使得高压扭转法难以进行大规模工业化生产；（4）制备过程中晶粒尺寸存在临界值，当小于该值时，在晶界处位错难以堆积，反而会使材料产生一定程度的软化[54]。

1.3.5 搅拌摩擦加工技术

搅拌摩擦加工技术是通过施加在材料上的摩擦热与机械搅拌来细化均化材料组织的一种热机械加工工艺，该工艺除了是一种大塑性变形方法外，还是一种固相焊接工艺和复合材料制备的方法。在搅拌摩擦加工过程中，材料可被高速旋转的搅拌针产生的摩擦热软化至流动性较佳状态，再通过搅拌针机械搅拌材料使其发生塑性变形，此时材料发生完全动态再结晶，实现了组织细化、均匀化和致密化，达到对材料微观组织改性、性能提升的目的，原理图如图 1-10 所示。

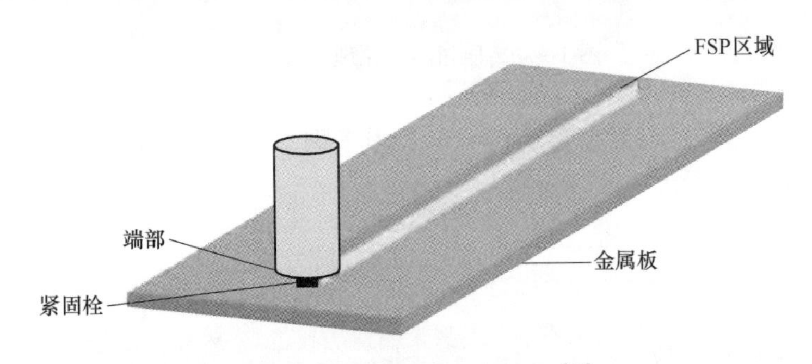

图 1-10 搅拌摩擦加工原理图[55]

搅拌摩擦加工技术具有许多其他工艺不具备的优势[56,57]，如可减少甚至避免孔洞、缩孔、疏松等缺陷的产生，提高组织致密化；利用摩擦产热升温材料，不受材料形状和加工环境的限制且加工过程中不产生有毒气体、噪声和辐射；易于加工具有良好高温流动塑性的各类金属和非金属，应用范围广。但仍存在一些难以解决的问题，如 FSP 加工材料变形区域小，若需得到尺寸大的产品只有通过增加道次来实现，但这却保证不了材料的整体均匀性。此外，在搅拌摩擦加工过程中，搅拌区域往往会出现“洋葱环”现象[58]（由完全再结晶的小晶粒和部分再结晶的大晶粒构成的非均质现象），这种现象的产生将会严重影响材料的拉伸性能和塑性。

1.3.6 多向锻造

多向锻造技术是一种反复多向压缩与拉长的自由锻造过程，其等效于沿三个相互垂直的 *X*-*Y*-*Z* 轴向依次自由锻造的累加，工艺示意图如图 1-11 所示。随着材料的形变量增大，材料内部组织将会发生“胞状组织→小角度晶界亚晶粒→大角度晶界晶粒”等一系列变化，这使得晶粒在材料内部大量生长，可达到细化晶粒的目的[59,60]。由于 MDF 法外加载荷轴向是可以旋转变化，这使得材料在方向上的性能相当，避免了常规变形工艺中常出现的各向异性，防止材料性能的恶化。但在锻造过程中不同区域产生的变形量存在差异，因此与SPD其他工艺相比，所制材料组织均匀性相对较差。在锻造加工之前，材料需进行较高温度（$0.1T_m \sim 0.5T_m$，T_m为材料熔点）的预热，且施加在材料上的外加载荷较小，因此MDF法常用于细化脆性材料。但需要注意的是，锻造温度和应变速率应取值合理，否则晶粒会在高温下二次长大，使得材料性能下降。

MDF变形过程中产生的变形量可由公式[61]（1-10）计算：

$$\varepsilon=\frac{\sqrt{3}n}{2}\ln\left(\frac{x_1}{x_2}\right) \tag{1-10}$$

式中　n——变形道次；

ε——变形量；

x_2，x_1——材料变形前后的高度。

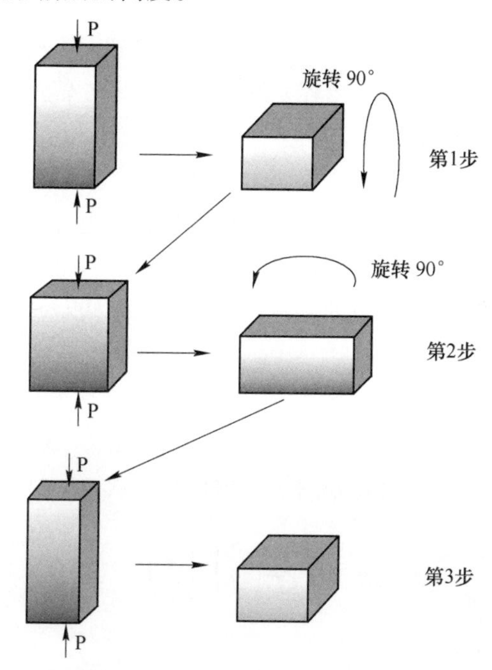

图1-11　多向锻造工艺示意图[62]

目前，该工艺已广泛应用于多种金属[63]，如钛及钛合金、高强高合金镍基合金、纯铜、铝合金、镁合金及不锈钢等，其主要有以下特点[64]：操作简单易行，成本低廉；材料尺寸不受模具内腔限制，可制备大尺寸脆性材料；仅需加热装置和锻压设备即可完成整个工艺。虽然多向锻造工艺具有十分诱人的应用前景，但所制备材料的组织不均匀仍是该技术难以解决的问题。

1.4　超细晶材料性能研究

超细晶材料具备优良性能，如力学性能、超塑性、热稳定性、磁学性能、电学性能和耐蚀性应用于各领域当中。

1.4.1　力学性能

细小尺寸的晶粒有高的强度这是众所周知的，因此超细晶材料具有的最基本和最主要的性能不外乎力学性能。它随晶粒的不断细化而发生显著变化，特别是屈服强度和抗拉强度可获得很大的提升，如与粗晶状态纯铝相比，超细晶纯铝可获得 3 倍以上的抗拉强度，其可在提升强度的同时却不降低韧性。相关研究表明[65]，材料的强度和韧性的提升与大角度晶界的增加及晶界滑动和晶粒旋转造成的变形机制有关，此外，也有利于超细晶的混晶结构。

超细晶的力学性能主要受微观结构与非平衡的晶界的影响，在一定的晶粒尺寸下，超细晶的屈服强度本质上是由晶界上的缺陷结构决定的，非平衡晶界越多，缺陷结构越易恢复，晶界也越容易发生滑移，此时晶界处不易产生位错，屈服强度越高。因此，在研究超细晶力学性能过程中，需将非平衡的晶界结构进行考虑，才可解释超细晶出现的反或偏离 Hall-Petch 关系的现象[66]。虽然纳米材料具有众多优异的性能，但其伸长率低是不可回避的问题，而超细晶材料则很好地解决了这个问题，研究者常利用大塑性变形工艺中产生的孪晶来阻碍位错运动，在获得高强度的同时改善了材料的韧性，因此孪晶结构对超细晶材料的强韧性有重要作用。

1.4.2　超塑性

超塑性受材料的晶粒尺寸影响显著，这可从公式（1-11）[67]看出：

$$\dot{\varepsilon}=A\frac{DGb}{kT}\left(\frac{b}{d}\right)^{p}\left(\frac{\sigma}{E}\right)^{n} \tag{1-11}$$

式中　$\dot{\varepsilon}$——应变速率；

A——材料常数；

D——扩散系数；

G——剪切模量；

b——柏氏矢量；

k——玻耳兹曼常数；

T——变形温度；

d——晶粒尺寸；

p——晶粒尺寸指数；

σ——流动应力；

E——弹性模量；

n——应力指数。

晶粒尺寸和材料的超塑性有密切关系，在低温或高应变速率下想获得超塑性材料，晶粒尺寸一般应使之降低到一定的数值，这对加工过程存在的应变速率慢和变形温度高等问题的解决具有一定意义。

超细晶材料在变形时，微观组织与普通超塑性材料的变形规律相同，变形后晶粒不会被拉长，仍维持等轴状。由于超塑性变形过程错综复杂，目前其机理并未形成统一的定论，研究者主要认为超塑性变形的产生是材料的扩散蠕变、晶粒间的应变及晶界滑移共同作用的结果。其中晶界滑移贡献最大，正是由于材料内部存在诸多的滑移系，促使材料在塑性变形过程中形成的应力得到松弛，硬化减少而塑性增强。此外，晶界滑移会导致晶粒发生旋转，使得晶粒不随加工而变形维持原有的等轴状。晶粒尺寸越小，可供晶粒滑动的晶界越多，所产生的应力也多集中于晶界处。研究表明[68]，随着晶粒尺寸的减小，晶粒更易维持等轴性，材料的逐渐密实化使得材料内部的晶粒更容易进行滑动和旋转，并易在拉伸方向上排列，从而材料的伸长率得以提升。

上述变形过程可用式（1-12）说明，其表达式[69]为：

$$D_{\mathrm{eff}}=D_{\mathrm{L}}+xf_{\mathrm{gb}}D_{\mathrm{gb}} \tag{1-12}$$

式中 D_{eff}——超塑性流动扩散系数；

D_{L}——晶格扩散系数；

D_{gb}——晶界扩散系数。

$$f_{\mathrm{gb}}=\pi\delta/d,\delta=2b \tag{1-13}$$

式中 δ——晶粒宽度；

b——柏氏矢量；

d——晶粒尺寸。

可知，D_{eff}与 d 和 T 相关，并存在临界尺寸 d_{c} 和临界温度 T_{c}，当 $d>d_{\mathrm{c}}$ 或 $T>T_{\mathrm{c}}$ 时，发生晶格扩散，当 $d<d_{\mathrm{c}}$ 或 $T<T_{\mathrm{c}}$ 时，发生晶界扩散。

1.4.3 热稳定性

由于在变形过程中要使材料获得超细晶结构必须对材料施加诸多外力，因此材料在此过程中储存了过多的能量，此时材料内部存在很高的内应力和点阵畸变。而这种内应力易在晶界附近聚集，这就导致晶界晶内应力分布不均，使得晶界常处于一种高能非平衡的状态[70]。而根据热力学，高能非平衡态是一种不稳定态，极易向亚稳或稳态转变，对应于材料的表现即晶粒将发生回复、再结晶以及晶粒长大过程；晶粒尺寸变大，会使得超细晶材料的优异性能受影响甚至丧失。因此，超细晶材料的热稳定性是研究过程中必须要加以考虑的。

式（1-14）[71]为晶粒长大表达式：

$$D^n - D_0^n = K_0 \exp\left(-\frac{Q}{RT}\right) \quad (1\text{-}14)$$

式中 D_0，D——晶粒长大前后的尺寸；

n——晶粒长大指数；

K_0——常数；

Q——晶粒长大激活能；

R——气体常数；

T——温度。

一般晶粒在理想状态下，晶粒长大指数为2。而现实中只有在较高可比温度（T/T_m）时，指数大小才接近2，但在超细晶材料中，晶粒长大指数普遍在2~10之间。当超细晶材料在500℃以下退火时，晶粒长大所需能量来源于晶界扩散能，而高于此温度，能量则来源于晶格扩散激活能。热稳定性除了受到晶粒稳定性影响外，还与晶粒尺寸和结构特征等诸多因素相关。

研究表明[72]，低温退火后，材料内部的晶格畸变、缺陷及晶粒尺寸均会发生不同变化。如在退火过程中，材料发生回复过程时，将会发生晶格畸变减轻，位错湮灭和晶粒尺寸变短并呈等轴状等现象。退火处理会导致材料组织与缺陷发生变化，这必然会影响材料的性能，可根据Hall-Petch公式[73]推测退火后材料的性能，反之也可通过性能是否发生改变来辅证组织的变化。若材料在某温度下退火其组织结构并未发生变化，且性能不变，则可称该温度下超细晶材料具有良好的热稳定性。

1.4.4 磁学与电学性能

与传统材料不同，超细晶材料中原子呈无序超密结构排列，且每个晶粒均可视为一个磁畴，这使得材料具有磁学特性，如磁感应强度和磁性转变均十分优异。此外，超细晶晶粒尺寸十分细小使得该材料具有高矫顽力和低居里温度，其广泛应用于变压器铁芯、温度传感器、磁放大器等器件中[74]。

由于超细晶材料晶界原子体积分数很大，过剩的原子体积将会引起材料内部产生负压强，从而导致材料晶格发生畸变（晶格膨胀或压缩），使得电阻率通常要高于同类粗晶材料，且当晶格膨胀率变大时，材料的电阻率呈非线性升高。目前，超细晶材料的电学性能多应用于纳米压敏电阻、非线性电阻、微电容等器件，对电子、信息和微机电系统等领域产生重大影响。

1.4.5 耐蚀性能

超细晶材料耐蚀性是其众多性能中争议较多的。按常规腐蚀理论分析，超细晶材料中的大量高能量的易激活的晶界应当是材料易被腐蚀的原因，晶界比例增高会引起材料耐蚀性能的下降；不过也有研究表明，超细晶材料中的晶界对其耐蚀性有帮助，常规理论或许不适用超细晶的情况。各家的说法有差异。

其观点主要有两类，一是超细晶结构会使耐蚀性能下降。林晨[75]等认为超细晶内的大量晶界和相界能形成大量小尺度的腐蚀微电池，加速了材料的腐蚀。马爱斌[76]等认为镁合金经等通道转角挤压变形后，其作为腐蚀屏障的 β 相被挤压而破碎成细小的颗粒，由原局部腐蚀类型转变为较多小区域腐蚀，导致材料耐蚀性大大削弱。陈小平[77]等认为，腐蚀初期细晶比粗晶的腐蚀过程更快，而在腐蚀后期，则粗晶和细晶腐蚀速率基本接近一致，但晶粒细化并不影响材料耐蚀性能。Vinogradov[78]等研究了超细晶铜的耐蚀性时发现，具有超细晶结构能使材料产生均匀腐蚀，但是超细晶材料的热稳定较差，因为材料的高能量不稳定状态而加速了材料溶解，且其耐蚀性随晶粒尺寸细化而变差。

另一论点则认为细小致密的微观组织结构可以提升材料的耐蚀性。宋丹[79]等认为，在晶粒被细化处理的铝合金中，挤压过程处理使合金中 θ 相的颗粒与基体之间变得相互孤立，这大大减少了材料内形成微腐蚀电偶的倾向，从而有效提高了材料的耐蚀性。王庆娟[80]等认为，因超细晶材料晶粒非常细小，该组织结构使得腐蚀液对材料的腐蚀分散于各处，其较浅的晶界处仅发生浅层的渗透和腐蚀，这一过程防止了晶间腐蚀向深处的扩展和恶化；而且由于组织细化使单位面积上分布的夹杂物量更均匀，成分偏析的改善提高了耐蚀性能。李向军[81]等认为，材料的晶粒尺寸与耐蚀性能间必然存在关联，特别是对于点蚀电位而言，随着晶粒尺寸的增大，点蚀电位增高，将减小材料的点蚀倾向，使得材料的钝化态更稳定。Jang[82]等的研究发现，材料的均匀腐蚀和应力腐蚀行为受到位错密度和晶界数量所占比例两方面的影响，当位错密度降低以及晶粒细化程度高时，材料的耐蚀性能将提升。

从国内外超细晶的研究现状可知，人们对于超细晶的耐蚀机理的研究理解各异，论点各不相同，对于该种机理的研究还有十分大的发展空间。材料的耐蚀性能受到材质、加工工艺和外界条件的影响表现不一，但从多数的研究发现，超细晶结构是有助于耐蚀性能的提升的。此外，从各类研究中多数关于钢、铜、镁、铝等合金，极少发现铅合金的相关研究，所以超细晶铅合金的研究具有创新性和意义性。

参考文献

[1] Minarik P, Kral R, Hadzima B. Substantially Higher Corrosion Resistance in AE42 Magnesium Alloy through Corrosion Layer Stabilization by ECAP Treatment [J]. Acta Physica Polonica, 2012, 122 (3): 614~617.

[2] 范金辉，翟启杰．物理场对金属凝固组织的影响［J］．中国有色金属学报，2002，12（1）：11~17.

[3] Crossley F A, Fisher R D, Metcalfe A G. Viscous shear as an agent for grain refinement in cast metal [J]. Trans Metall Soc A IME, 1961, 221: 419~420.

[4] Misra A K. A novel solidification technique of metals and alloys: under the influence of applied potential [J]. Metallurgical Transactions A, 1985, 16A: 1354~1355.

[5] Misra A K. Effect of electric potentials on solidification of near eutectic Pb-Sb-Sn alloy [J]. Materials Letters, 1986, 4 (3): 176~177.

[6] 翟启杰，赵沛，胡汉起，等．金属凝固细晶技术研究［A］. 2004中国铸造活动周论文集［C］. 2004，52~61.

[7] Nakada M, Shiohara Y, Flemings M C. Modification of solidification structures by pulse electric discharging [J]. ISIJ International, 1990, 30 (1): 27~33.

[8] Asai S. Birth and recent activities of electromagnetic processing of materials [J]. ISIJ International, 1989, 29 (12): 981~992.

[9] Granier M. Technological and economical challenges facing EMP in next century [C]. The 3rd international symposium on EPM. Nagoya: Th Iron and Steel Institute of Japan. 2000: 3.

[10] Seki M, Kawamura H, Sanokawa K. Naural convection of mercury in a magnetic field paralel to the gravity [J]. Journal of Heat Transfer, Transactions ASME, 1979, 101 (2): 227.

[11] 张西锋，魏颖娟，宋美娟．外加物理场对钢液凝固组织及性能的影响［J］．重型机械，2010，1：45~50.

[12] 彭广威．电磁场对金属凝固组织的影响及应用［J］．铸造设备研究，2007，4：47~56.

[13] 沈耀亚，赵得智，许凤军．功率超声在化工领域中的应用现状和发展趋势［J］．现代化工，2000，20（10）：14~18.

[14] 付琨，高云涛，刘晓海．超声波抑制滇池水华藻类生长的实验研究［J］．化学与生物工程，2007，24（12）：64~65.

[15] 周洁，白木．超声技术在医学上的四大应用［J］．医疗卫生装备，2001，(2)：1~10.

[16] L. Junwen, T. Momono. Effect of ultrasonic output power on refining the crystal structures of ingots and its experimental simulation [J]. Journal of Marerials Science Technology, 2005, 21: 47~52.

[17] C. Jeng, R. Chen. The study of metal-water interface and the acoustic cavitaion. Proceeding of 13th International Conference on Dielectric Liquids [C]. Japan: Nara, 1999: 20~25.

[18] 高守雷，戚飞鹏，龚永勇．高能超声处理对锡锑包晶合金凝固组织的影响［J］．铸造，

2003, 52 (1): 21~23.
[19] X. Jian, H. Xu, T. T. Meek, Q. Han, Effect of power ultrasound on solidification of aluminum A356 alloy [J]. Materials Letters, 2005, 59: 190~193.
[20] 胡化文，陈康华，黄兰萍. 超声波熔体处理对铝合金组织和性能的影响 [J]. 特种铸造及有色合金，2004 (4): 11~13.
[21] 赵忠兴，毕鉴智，郑一. 铝合金超声铸造技术 [J]. 特种铸造与有色合金，1999，1: 13~14.
[22] E. Konofagou, J. Thieman, K. Hynynen. The use of ultrasound-stimulated acoustic emission in the monitoring of modulus changes with temperature [J]. Ultrasonics, 2003, 41: 337~345.
[23] 戚飞鹏，高守雷，侯旭，等. 超声功率对锡锑合金凝固组织的影响 [J]. 上海大学学报，2003，9 (1): 43~46.
[24] 高守雷. 功率超声对金属凝固组织的影响 [D]. 上海：上海大学，2003.
[25] 刘清梅. 超声波对金属凝固特性及组织影响的研究 [D]. 上海：上海大学，2007.
[26] Valiev R Z, Korznikov A V, Mulyukov R R. Mater Sci Eng A, 1993, 168: 141.
[27] 赵新，高聿为，南云，等. 制备块体纳米/超细晶材料的大塑性变形技术 [J]. 材料导报，2003，17 (12): 5~8.
[28] 路君，靳丽，曾小勤，等. 大塑性变形材料及变形机制研究进展 [J]. 有色合金及压铸，2008，32 (1): 32~36.
[29] M. Furukawa, Z. Horita, M. Nemoto, T. G. Langdon. The use of severe plastic deformation for microstructural control [J]. Materials Science and Engineering A, 2002, 324 (1~2): 82~89.
[30] Musalimov R S, Valiev R Z. Dilatometric analysis of aluminium alloy with submicrometre grained structure [J]. Scripta Metallurgica Et Materialia, 1992, 27 (12): 1685~1690.
[31] 史庆南，王效琪，起华荣，等. 大塑性变形 (sever plastic deformation, SPD) 的研究现状 [J]. 昆明理工大学学报（自然科学版），2012，37 (2): 23~38.
[32] Segal V M , Rereznikov V I, Drobyshevskiy A EKopylov V I, et al. Metally [J]. English Transaction: Russian Metallurgy, 1981, 1: 115.
[33] 刘锋，王庆娟，杜忠泽，等. ECAP 制备超细晶材料组织及其性能的研究进展 [J]. 兵器材料科学与工程，2013，36 (4): 103~106.
[34] 陈嘉会，刘新才，潘晶. 等通道转角挤压组织演变规律的研究进展 [J]. 稀有金属，2014，38 (5): 905~914.
[35] R. Z. Valiev, T. G. Langdon. Principles of equal-channel angular processing as a processing tool for grain refinement [J]. Progress in Materials Science, 2006, 51 (7): 881~981.
[36] Iwahashi Y, Wang J, Horita Z, et al. Principle of equal-channel angular pressing for the processing of ultra-fine grained Materials [J]. Scripta Materialia, 1996, 35 (2): 143~146.
[37] Nakashima K , Horita Z , Nemoto M, et al. Devel opment of a multi-pass facility for equal-channel angular pressing to high total strains [J]. Materials Science and Engineering A , 2000, 281

(1-2)：82~87.

[38] 张玉敏，丁桦，孝云祯，等．等径弯曲通道变形（ECAP）的研究现状及发展趋势［J］．材料与冶金学，2002，1（4）：258~262.

[39] 李金山，曹海涛，胡锐，等．等径角挤压法制备超细晶的研究现状［J］．特种铸造及有色合金，2004，3：1~3.

[40] 魏伟，陈光．ECAP等径角挤压变形参数的研究［J］．兵器材料科学与工程，2002，25（6）：61~63.

[41] 索涛，李玉龙．等径通道挤压中晶粒细化影响因素的研究进展［J］．材料科学与工程学报，2004，22（1）：132~137.

[42] 郭廷彪，丁雨田，胡勇，等．等通道转角挤压（ECAP）工艺的研究进展［J］．兰州理工大学报，2008，34（6）：19~24.

[43] 陆济民．轧制原理［M］．北京：冶金工业出版社，1993.

[44] Yang P, Yang H, Tao JM, et al. Influence of Stacking Fault Energy on the Mechanical Properties and Work Hardening behavior of Ultra-Fine (UF) Grained Cu and Cu Alloys [J]. Materials Science Forum. 2011, 667~669: 1003~1008.

[45] 王敏莉，郑之旺，肖利．冷轧压下率和退火工艺对St37-2G结构用冷轧钢板组织和力学性能的影响［J］．机械工程材料，2012，36（5）：42~46.

[46] 赵新，高聿为，南云，等．制备块体纳米/超细晶材料的大塑性变形技术［J］．材料导报，2003，17（12）：5~8.

[47] Tsuji N, Saito Y, Utsunomiya H. Ultra-fine grained bulk steel produced by accumulative roll-bonding (ARB) process [J]. Scripta Materialia, 1999, 40: 795~800.

[48] 方爽．累积叠轧法制备纳米多层镁合金研究［D］．太原：太原理工大学，2012.

[49] Xu C, Horita Z, Langdon T G. The evolution of homogeneity in processing by high-pressure torsion [J]. Acta Materialia, 2007, 55 (1): 203~212.

[50] 杨钢，王立民，刘正东．超大塑性变形的研究进展-块体纳米材料制备［J］．特钢技术，2008，54（14）：1~8.

[51] Zhilyaev A P, Nurislamova G V, Kim B K, et al. Experimental parameters influencing grain refinement and microstructural evolution during high-pressure torsion [J]. Acta Materialia, 2003, 51 (3): 753~765.

[52] Wetscher F, Vorhauer A, Stock R, et al. Structural refinement of low alloyed steels during severe plastic deformation [J]. Materials Science and Engineering: A, 2004, 387: 809~816.

[53] 毕见强，孙康宁，王素梅，等．大塑性变形法制备块体纳米材料［J］．金属成形工艺，2002，20（6）：43~45.

[54] 董传勇，薛克敏，李琦，等．高压扭转法制备粉末块体超细晶材料［J］．浙江科技学院学报，2009，21（3）：206~209.

[55] Mishra R S, Ma Z Y, Charit I. Friction stir processing: a novel technique for fabrication of surface composite [J]. Mater. Sci. Eng. A, 2003, 341 (1~2): 307~310.

[56] 黄春平，柯黎明，邢丽，等．搅拌摩擦加工研究进展及前景展望［J］．稀有金属材料与工程，2011，40（1）：183~188.

[57] 董瑛．搅拌摩擦加工制备金属基复合材料的研究现状［J］．设计与研究，2009，1：29~30.

[58] 毕凤琴，李会星，韩嘉平，等．搅拌摩擦加工工艺及其对性能的影响研究［J］．材料导报，2014，28（1）：119~122.

[59] Sitdikov O, Sakai T, Goloborodko A, et al. Effect of pass strain on grain refinement in 7475 Al alloy during hot multidirectional forging [J]. Materials Transaction, 2004, 45 (7): 2232~2238.

[60] Belyakov A, Sakai T, Miura H, et al. Grain refinement in copper under large strain deformation [J]. Philosophical Magazine A, 2001, 81 (11): 2629~2643.

[61] 苍启．多向锻造纯镁的组织和性能［D］．哈尔滨：哈尔滨工业大学，2010.

[62] Zherebtsov S V, Salishchev G A, Galeyev R M, et al. Production of submicrocrystalline structure in large-scale Ti-6Al-4V billet by warm severe deformation processing [J]. Script Materialia, 2004, 51 (2): 1147~1151.

[63] 郭强，严红革，陈振华，等．多向锻造技术研究进展［J］．材料导报，2007，21（2）：106~108.

[64] 夏祥生．多向锻造 EW75 合金组织及力学性能研究［M］．北京：北京有色金属研究总院，2012.

[65] L. J. Chen, C. Y. Ma, G. M. Stoica. Mechanical behavior of a 6061 Al alloy and an Al_2O_3/6061 Al composite after equal-channel angular processing [J]. Mater. Sci. Eng. A, 2005, 410: 472~475.

[66] J. R. Weertman. High-Petch strengthening in nanocrystalline metals [J]. Mater Sci Eng A, 1993, 166: 161~167.

[67] 孙前江，王高潮，李淼泉．细化晶粒对钛合金超塑性影响［J］．材料导报，2010，24（9）：126~129.

[68] 陈浦泉．组织超塑性［M］．哈尔滨：哈尔滨工业大学出版社，1988：3.

[69] 陈振华．镁合金［M］．北京：化学工业出版社，2004：282~283.

[70] 王庆娟，张平平，杜忠泽．等径弯曲通道变形制备超细晶铜的热稳定性［J］．材料热处理学报，2012，33（8）：105~109.

[71] 丁毅．异步轧制制备超细晶纯铁及其组织和性能研究［M］．上海：上海交通大学，2009：24.

[72] Morris D G, Munozi-Morris M A. Microstructure of severely deformed Al-3Mg and its evolution during annealing [J]. Acta Materialia, 2002, 50 (16): 4047~4060.

[73] 刘睿，孙康宁，毕见强．等径角挤压法制备块体超细晶材料的研究现状及展望［J］．锻压技术，2005，30（6）：85~89.

[74] 毕见强，孙康宁，高伟．块体纳米材料的制备及其应用［J］．金属成形工艺，2003，8：35~38.

[75] 林晨，黄新波，林化春．真空熔烧 Co 基合金-WC 复合涂层耐蚀性研究［J］．机械工程材料，2003，27（6）：40~42.

[76] 宋丹，马爱斌，江静华．等径通道转角挤压超细晶 ZL203 合金的晶间腐蚀行为［J］．机械工程材料，2010，34（3）：27~30.

[77] 陈小平，王向东，江社明．晶粒尺寸对耐候钢抗大气腐蚀性能的影响［J］．材料保护，2005，38（7）：14~17.

[78] A. Vinogradov, T. Mimaki, S. Hashimoto, On the corrosion behaviour of ultra-fine grain copper [J]. Scripta Mater, 1999, 41: 319~329.

[79] 宋丹，马爱斌，江静华．等径角挤压制备的超细晶 Al-5%Cu 合金块材的腐蚀行为［J］．中国有色金属学报，2010，20（10）：1941~1948.

[80] 王庆娟，张平平，罗雷．ECAP 制备超细晶铜在 0.5mol/L NaCl 溶液中的腐蚀行为［J］．材料工程，2013，5：33~37.

[81] 李向军，沈鑫珺，张淑敏．晶粒尺寸对含铜锡中铬铁素体不锈钢耐蚀性的影响［J］．东北大学学报（自然科学版），2014，35（8）：1124~1127.

[82] Y. H. Jang, S. S. Kim, S. Z. Han. Corrosion and stress corrosion cracking behavior of equal channel angular pressed oxygen-free copper in 3.5% NaCl solution [J]. Journal of Materials Science, 2006, 41 (13): 4293~4297.

第2章　Pb-Ag合金阳极的制备及性能表征方法

本章实验内容主要侧重于Pb-Ag合金阳极制备技术的筛选及工艺参数的优化，总共涉及5种晶粒细化工艺方法，即超声波细晶法、等通道转角挤压法、普通轧制、冷轧和超声波+轧制法。试图通过对铸造铅合金进行不同细晶工艺处理，对比其组织结构及综合性能前后之间的差异，验证晶粒尺寸及组织分布形态与电极耐蚀性之间相互关联的设想是否成立，并找出最佳的制备工艺方法。

2.1　实验材料与设备

2.1.1　实验设备与仪器

实验设备及仪器详见表2-1、表2-2。

表2-1　实验设备

设备名称	用途	生产厂家
坩埚、电阻炉	合金熔炼	上海实验电炉厂
双辊轧机	合金轧制	江西矿山机械厂
直插式超声波振动处理器	超声熔融处理	广州辛诺科超声设备公司
超声波循环水冷系统	超声探头冷却	浙江苍南仪器厂
AG-100kN立式电子实验机	等通道转角挤压	岛津（中国）有限公司
箱式电阻炉	热处理	上海日用电炉厂
OT11-2X型金属剪板机	金属板剪切	南通鑫锋机床公司
ACS-DⅡ三峰牌计重秤	样品称量	上海乾峰电子公司
P-2金相试样抛光机	金相试样制备	深圳海量精密仪器有限公司

表 2-2 分析与测试仪器仪表

设备名称	设备用途	制造商
Lecia DFC280 光学金相显微镜	金相显微分析	深圳海量精密仪器有限公司
KEITHLY-2182A 型电阻仪	电导率测试	上海贝汉公司
LPS 103 型恒流恒压源	恒流、恒压电源	上海贝汉公司
CHI 604D 电化学工作站	电化学性能测试	上海振华仪器厂
XMT-数显控制调节仪	电流源	上海仪川仪表厂
扫描电镜 Philips XL-30 ESEM	显微组织检测	Philips
MC010-HVS-1000 显微硬度计	硬度测试	上海研润

2.1.2 实验材料与试剂

实验材料与试剂详见表 2-3。

表 2-3 实验所用材料及试剂

材料与试剂	用途	备注
铅银合金（Pb-0.5%Ag）	电极合金	蒙自矿冶有限责任公司
液氮	低温轧制	昆明氧气厂
环氧树脂双管胶	电极试样封胶	江西省西南化工有限公司
普通铝管	金相镶样	济南正源铝业有限公司
蒸馏水	配溶液	自制
冰醋酸	金相腐蚀剂	80mL 蒸馏水+15mL 冰醋酸+20mL 硝酸
硝酸		
硝酸	金相显示剂	95%乙醇+5%硝酸
乙醇		

续表 2-3

材料与试剂	用途	备注
硫酸	电极腐蚀液	1mol/L 硫酸溶液
硫酸锌溶液	电积实验用电解液	65g/L Zn^{2+}、160g/L H^+
氯化钾	电化学盐桥	2g 琼脂+20g 氯化钾+50mL 蒸馏水
琼脂溶液		
石墨坩埚	容器	超声波处理用容器
金相砂纸	金相磨料	常州亚细亚研磨有限公司
铅蓄电池盒	电积实验用电解槽	—

2.2 实验研究方案和技术路线

（1）用超声波干预凝固技术对凝固前的 Pb-Ag 合金进行超声振动处理，以期得到较多的均匀的初始晶粒，并最终获得细化的微观组织。

（2）用大塑性变形加工或大塑性变形方法对浇铸成型的 Pb-Ag 合金进行挤压或者轧制变形处理。

（3）将超声波干预凝固技术与大塑性变形结合来探索合金晶粒进一步细化的方法和均匀化组织的方法，研究两种方法共同作用对获得的 Pb-Ag 合金电极组织结构的影响规律。

（4）通过对多种工艺方法获得的不同晶粒尺寸与微观结构特征的合金电极样品的导电性能，反映耐蚀性和表面活性的电化学性能，及槽电压测试结果，进行综合对比分析，最终找到获得既耐蚀又节省电能耗的综合性能最优的合金样品，通过对其制备工艺过程的分析找到晶粒度与性能之间的关系。

技术路线如图 2-1 所示。

铅合金阳极试样制备共有 5 种工艺：（1）超声波凝固细晶；（2）等通道转角挤压；（3）室温轧制（热轧）；（4）低温轧制；（5）超声波+室温轧制。

2.2.1 超声波细晶法

将 Pb-0.5%Ag 合金放入尺寸为 80mm×110mm×70mm 石墨坩埚，设置加热炉温度为 400℃升温加热，等到合金原料完全熔融后，加热炉调整至设定温度并到达该温度时，将装在变幅杆上的超声波探头插入石墨坩埚的熔化合金中，探头距离表面 15mm，启动超声装置并开始对合金进行超声处理。在处理过程中，确保

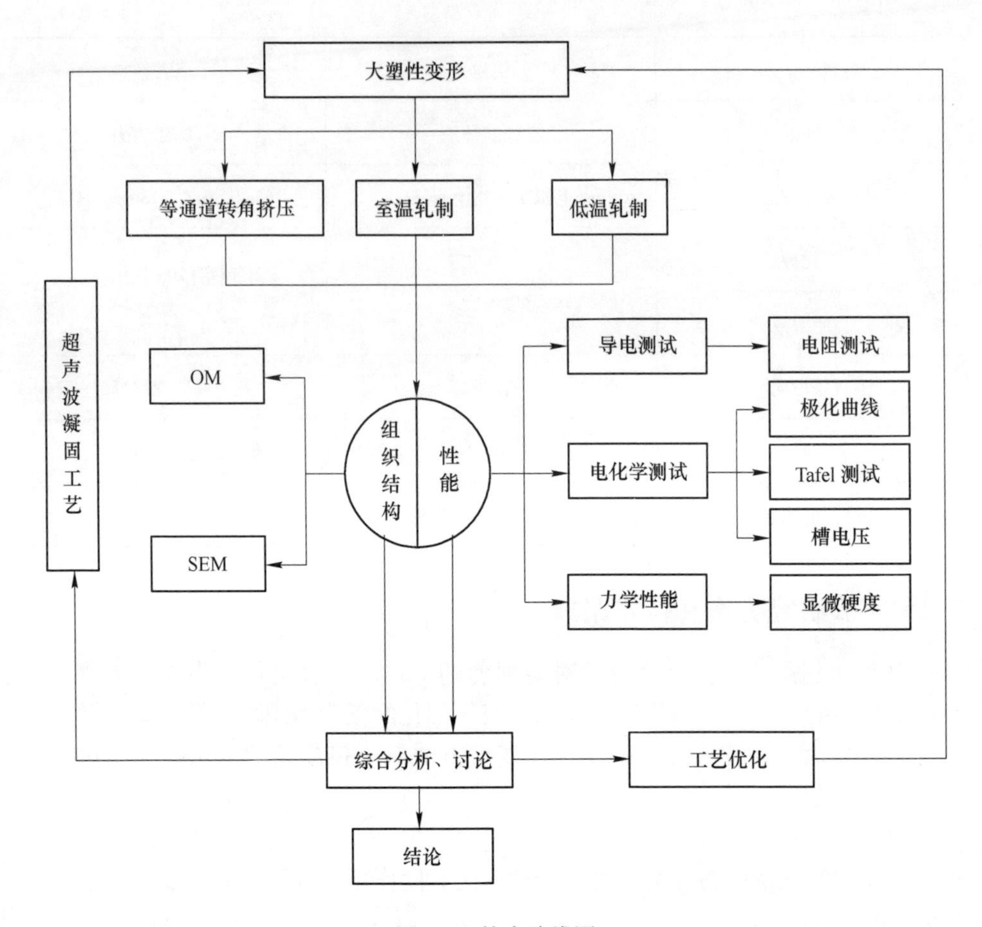

图 2-1　技术路线图

循环水冷却系统冷却变幅杆及钛合金探头，以防止探头过热，引起仪器故障。处理完毕，将探头移出合金熔融液面，让合金在坩埚中自然冷却凝固。随后脱模，将制得合金进行线切割加工，截取中部 5mm 厚做实验样品。最后一步再分别剪取金相检验、电阻率测试、极化曲线测试和槽电压实验试样，其尺寸分别为 5mm×10mm、10mm×50mm、10mm×10mm 和 30mm×50mm。实验使用的超声波装置如图 2-2 所示。

超声波处理过程中能够引起晶粒细化的主要可能因素是超声波的频率和功率、合金熔体的温度、超声波施振的深度、施加振动保持的时间长度以及施加振动的方式等[1]。本文选择了熔体温度及振动时间两个因素作为变量，其余参数确定如下：

（1）通过查看 Pb-Ag 合金相图，可知 Pb-0. 5% Ag 合金固液相线交点为

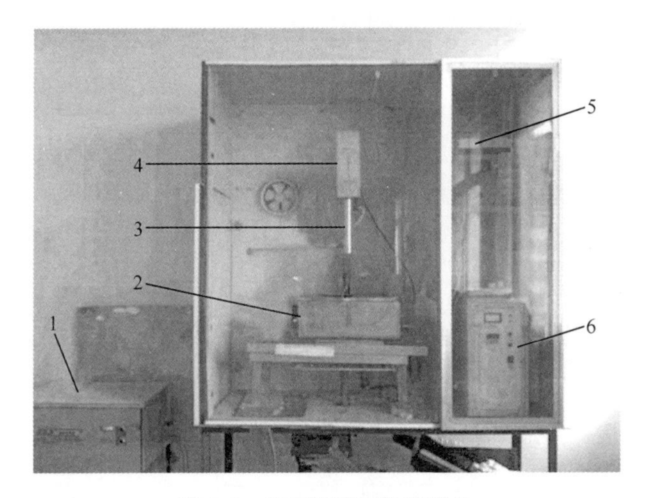

图 2-2 超声波凝固处理设备

1—循环水冷却系统；2—电阻加热炉；3—变幅杆、合金探头；4—超声波换能器；5—温度控制仪；6—超声波控制及供电装置

327℃，即此温度下合金可熔。随着熔体温度的升高，熔体成分分布得越均匀，超声空化和声流作用越显著。本文实验合金熔融温度分别设置为 340℃、355℃、370℃、385℃、400℃，温度间隔 15℃。

（2）施振时间主要与超声波引起的机械振动效应相关，施振时间越长，熔体搅拌程度越充分。超声波振动时间分别取值为 1min、2min、3min、4min。

（3）根据实验室超声波仪器的实际条件，确定超声波频率取值为 20kHz，施振功率为 100W。

（4）确定施振深度为 15mm。

（5）施振方式采用静态连续施振。

（6）工具杆插入方式为顶部中心插入。

（7）取试样中部进行线切割是由于探头振动熔体的位置正处于合金块的中心部位，此处晶粒细化程度高，最为均匀。

本研究因所制试样过多，因而仅选取具有代表性的试样进行分析讨论。超声波细晶实验编号如表 2-4 所示。1-0 号为未处理空冷所得试样。

表 2-4 超声波振动处理制样参数

样品编号	温度/℃	持续时间/min	频率/kHz	功率/W
1-1	340	1	20	100
1-2	355	1	20	100

续表 2-4

样品编号	温度/℃	持续时间/min	频率/kHz	功率/W
1-3	370	1	20	100
1-4	385	1	20	100
1-5	400	1	20	100
1-6	370	2	20	100
1-7	370	3	20	100
1-8	370	4	20	100

2.2.2　等通道转角法

将 Pb-0.5%Ag 合金置于井式电阻炉中，随炉升温至 400℃，保温直至合金液均匀熔融，扒渣浇入模具得尺寸为 10mm×10mm×180mm 的方形长棒，而后通过 AG-100KN 型立式电子万能实验机在室温下对裁剪后尺寸为 10mm×10mm×60mm 的试样以 A、B_A、B_C 和 C 四种路径进行等通道转角挤压，试样分别反复挤压 1~8 道次。最后将挤压后的试样置于箱式电阻炉内，经 120℃退火，保温 1h 后随炉冷却。最后用剪板机裁出两块尺寸为 10mm×10mm ×5mm 的试样用于金相观察和电化学实验测试，将尺寸为 10mm×10mm×50mm 的试样先进行电阻测试后用于槽电压的测量。等通道转角挤压实验装置如图 2-3 所示。

工艺参数确定如下：

(1) 为获得一次挤压的应变量最大，并且更容易的获得均匀的等轴晶粒组织，实验选用 $\phi=90°$，$\varphi=0°$的结构；

(2) 为找到电极材料的最佳生产工艺，实验把工艺路径和挤压道次作为变量，合金试样分别通过 A 路径、B_A 路径、B_c 路径、C 路径四种工艺过程进行 2、4、6、8 次等通道转角挤压，此外实验还设置一个未挤压试样作为对比样；

(3) 挤压速度对其应力分布和晶粒尺寸影响不大，可取常规值 6mm /min；

(4) 挤压温度越高容易引起铅合金晶粒的长大，对细化不利，铅合金塑性较好，一般速率均不会引起试样断裂，即挤压温度取常温即可；

(5) 通过对铅合金进行温度为 120℃，保温时间为 60min 的退火处理，达到减轻或消除大塑性变形过程在材料内部产生的位错堆积，晶格畸变和加工硬化的

图 2-3 等通道转角挤压装置图

目的，晶粒组织得以维持在较稳定的状态；

（6）为减小试样导电性能和电化学性能数据综合分析可知与挤压模具内壁之间的摩擦，以保证挤压顺利进行，实验采用二氧化钼和机油混合物作为润滑剂。

样品编号如表 2-5 所示。记 2-0 号为普通浇铸空冷后退火所得试样。

表 2-5 等通道转角挤压工艺方案

样品编号	路径	挤压道次	热处理温度/℃	保温时间/min
2-1	A	6	120	60
2-2	B_A	6	120	60
2-3	B_C	6	120	60
2-4	C	6	120	60
2-5	C	2	120	60
2-6	C	4	120	60
2-7	C	8	120	60

2.2.3　轧制和超声波+轧制法

上述超声细晶处理、等通道转角挤压和超声+轧制处理三种工艺均涉及轧制法，且组织结构受轧制影响很大，所以放在一类作为讨论。在轧制变形过程中，压下量的大小直接决定合金细化程度，所以在轧制工艺中压下量是一个极为重要的因素。在前期进行的小实验中发现，退火可消除合金中的组织应力，有稳定组织的效果，且对电极的性能有所改善，因此将其选取为另一个实验因素。

（1）室温轧制（热轧法）。即使在室温进行，因铅合金再结晶温度很低，约为−13℃，所以按温度划分，室温下进行的轧制制备应属于热轧的范畴。将 Pb-0.5%Ag 合金置于坩埚电阻炉内，随炉升温至 400℃，待合金均匀熔融扒渣浇铸到尺寸为 93mm×104mm×129mm 的钢模中，冷却后脱模。剪取面积为 50mm×50mm 的铅合金板作为未轧制的试样，作为压下量的对比样，用于研究压下量对铅合金组织及性能的影响。而后通过轧机对 Pb-0.5%Ag 合金进行热轧，每道次压下量为 5%，四道次为一组，最后得到压下量分别为 20%、40%、60%和 80%的试样。将试样置于箱式电阻炉内，分别经 120℃、140℃和 160℃，保温 1h 的退火处理后，随炉冷却。实验还设置一组未经退火处理的试样，作为退火温度对比，用于研究退火处理的影响。每组压下量分别剪取面积为 5mm×10mm、10mm×50mm、10mm×10mm 和 30mm×50mm 用于金相、电阻、电化学和槽电压测试。试样编号如表 2-6 所示。

表 2-6　轧制工艺方案

样品编号	压下量/%	热处理温度/℃	退火时间/min
3-1	无	120	60
3-2	20	120	60
3-3	40	120	60
3-4	60	120	60
3-5	80	120	60
3-6	60	100	60
3-7	60	140	60
3-8	60	160	60

（2）冷轧。试验采用深冷轧制法，采用液氮将铅合金温度降低，使之在再结晶温度下进行轧制，减缓铅合金的长大速率，控制晶粒尺寸大小。将 Pb-0.5%Ag 置于井式电阻炉内，随炉升温至 400℃，熔融浇铸成合金块后，放入液氮中做深冷处理即持续浸泡 10min，而后将其迅速取出进行轧制处理（0%、20%、40%、60%和 80%，每次下压 5%），每组压下量（四道次为一组）之间需将铅合金进行冷却再进行下一组的轧制。轧制完毕后，将试样放入箱式电阻炉中进行退火处理（120℃、140℃、160℃和 180℃），裁样尺寸与 2.2.3 节中（1）相同，试样编号如表 2-7 所示。

表 2-7　冷轧工艺方案

样品编号	压下量/%	热处理温度/℃	退火持续时间/min
4-1	无	160	60
4-2	20	160	60
4-3	40	160	60
4-4	60	160	60
4-5	80	160	60
4-6	20	120	60
4-7	20	140	60
4-8	20	180	60

（3）超声波+轧制。实验是超声波细晶法和轧制法的综合制备工艺，是在优化过的超声波细晶工艺的基础上再对 Pb-Ag 合金进行热轧，探究压下量和退火温度对细化初始晶的变形机制。超声波制备工艺如 2.2.1 节所述。对超声波处理后的合金块进行线切割，取试样中间的 5mm 合金作为轧制工艺的原始样，再在轧机上进行压下量分别为 20%、40%、60%和 80%的轧制，少压多次，每次下压 5%。轧制工艺和退火处理与 2.2.3 节中（1）相同，剪取尺寸与 2.2.1 节中大小相同，试样编号如表 2-8 所示。

表 2-8 超声波+轧制工艺方案

样品编号	压下量/%	退火温度/℃	退火时间/min	超声温度/℃	超声时间/min
5-1	无	140	60	370	1
5-2	20	140	60	370	1
5-3	40	140	60	370	1
5-4	60	140	60	370	1
5-5	80	140	60	370	1
5-6	20	无	60	370	1
5-7	20	120	60	370	1
5-8	20	160	60	370	1

2.3 样品的表征与分析测试方法

2.3.1 金相显微特征与组织结构

2.3.1.1 金相试样的制备与观测

金相实验提供了一种最有用的金属材料的考察方法，主要是在不同倍率的显微镜下观察抛光（或腐蚀后）金属表面的形貌来对金属或合金的显微组织（晶粒尺寸、形状及析出相分布等信息）进行分析。英国的 H. C. Sorby 是金相科学的创立者。J. R. Vilella 则提出了令人信服的代表性表面的制备对于金相检验的重要性。试样制备的目的是为了展示材料的真实显微组织，恰当的试样制备是必不可少的。因此，选样基本原则是：选取和制备的试样要具有代表性。一般取样方向根据轧制方向或浇铸位置定，根据实验沿纵、横，同平面、半径等切取试样来获得所需信息（有时显微组织横向观察比纵向更均匀。如浇铸帽口受冷热加工未完全再结晶，横向显示晶粒将是细小等轴晶，而纵向上则是非等轴晶）。研究变形等对材料轧制晶粒形状，最少需检查两个截面，平行与垂直于变形方向才是比较可靠的。

一般金属或合金的制样过程如图 2-4 所示。

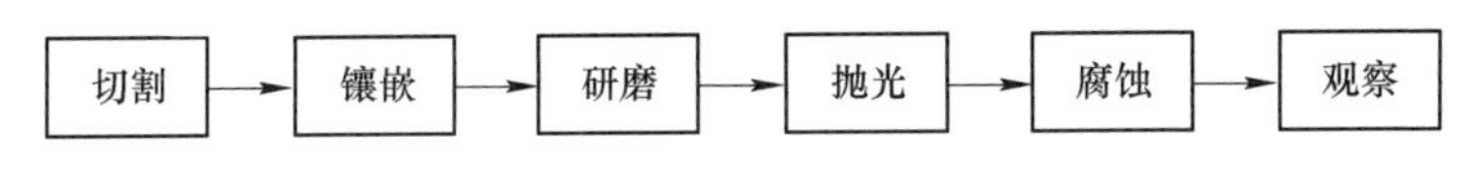

图 2-4 金相组织观测一般程序

由于切割过程的高温和快速切削加工得到的表面粗糙度很大，组织变形严重，不能反映材料工作过程中的基体的真实状况，所以需要进行研磨、抛光以去除表面加工影响层，露出代表性组织。研磨一般采用的金相砂纸选择是由粗到细，粗砂纸的磨料颗粒较大，可以有较快的磨削速度，但是磨削后表面凹凸起伏较大，这时选用细粒度的砂纸磨光，通常与上次旋转 45°或 90°角可以更快的得到较好结果。每道研磨一般 2～3min。依次使用粗中细粒度的砂纸。最后采用抛光过程，使用更细小的金刚石或刚玉研磨膏做抛光剂，加去离子水做冷却液在平绒或海军呢上抛光 3～5min，就可以得到光滑的镜面，材料组织的细节就可以充分显现出来了。

上述过程中，镶嵌和腐蚀两个过程不是必须的。一般软的材料或较小的样品可能需要镶嵌。腐蚀则是为了使不同组织的特征更加明显，以得到衬度特征更加清晰的组织图像。

铅是最软的金属之一，加入银等合金元素后，其强度有一定提高但仍很软。这给铅合金的金相制样带来相当的困难。原因在于在研磨、抛光过程中表面层会因用力而发生较大流动和变形。这样表层的微观结构就发生变化而掩盖真实的组织状况。此外，铅及铅基合金的熔点较低，再结晶温度低于 0℃，制样时的摩擦和变形产生的热可能会引起再结晶、氧化，需要用到较多的冷却和润滑液。由于基体很软，磨料颗粒容易在样品基体嵌入也会改变材料表面的真实构成。这使得常规金相制备的抛光方法很难得到令人满意的结果。所以一般在机械抛光后还需要进行化学抛光或者电解抛光设法去除磨料颗粒的残余。因而试样制备要比普通的金相试样制作更困难。

我们的铅银合金的金相试样制作过程如下：观测面选取与轧制方向垂直表面，使用手锯截取试样后，使用锉刀锉平，粗砂纸大致磨光锉痕，然后进行镶嵌，用直径 ϕ10mm 的 PVC 管加入环氧树脂进行粘接，经 24h 自然固化后砂纸打磨。打磨每次使用新的砂纸，使用的砂纸面积不小于试样面积的 50 倍。依次分别用 400 号，600 号，1000 号，2000 号碳化硅水砂纸，磨时使用石蜡润滑剂，其间要轻力慢磨，每次旋转 90°磨 3～5min 至上道磨痕完全消失，然后进行机械抛光至表面成光滑镜面。磨削和抛光过程适当使用硝酸酒精（95%硝酸+5%乙醇）腐蚀并用水冷却，可减少铅在砂纸上黏着，也可降温。金相显示剂则是用冰醋酸与硝酸（乙酸 15mL+硝酸 20mL+水 80mL），以脱脂棉蘸取并不断擦拭表面，用蒸馏水冲洗，重复若干次，至可观测到清晰组织。

实验所使用的金相显微镜是 Lecia DFC280 彩色光学数字金相照相显微镜（深圳海量精密仪器设备有限公司）。

本研究进行金相观察的主要着眼点是平均晶粒的大小及其分布。晶粒度是晶粒尺寸大小的量度，是金属材料的重要显微组织参量。

金属的晶粒度的测量通常不会十分精确，根据工程实践，为了保证测量结果满足相应置信区间和相对误差的要求，使用95%置信区间（95%CI）意即测量结果落在指定的置信区间内的几率是95%。

获得的金相图像的晶粒尺寸的计算方法是按照国标《金属平均晶粒度测定方法》（GB/T 6394—2002）[2]规定进行。据国标主要有截点法、比较法和面积法。

比较法是常用方法，将所获金相照片与同放大倍数标准系列评级图对比的方法来判断材料平均晶粒度。不过该法存在一定主观性且有较大局限，通常适用于有等轴晶的再结晶材料或铸态组织评定。

面积法则是对给定面积网格内的晶粒数 N 来确定晶粒度级别。首先使用约 5000mm^{2}圆形测量网格置于晶粒图形上，调整放大倍率 M 使网内晶粒数为 50 个，计算网内晶粒数和相交晶粒数代入相应公式进行晶粒度评定。与比较法相比，面积法较客观，适用材料更广泛。

截点法是计算测量线段（或网格）与晶粒的截点数，结合放大倍率测定晶粒度，此法也较客观，当晶粒大小不太规范，可多向测定晶粒的尺寸并取平均值。本文用该法计算平均晶粒度，公式如（2-1）所示：

$$\bar{l}=\frac{L}{MP} \tag{2-1}$$

式中 L——测量线段长，mm；

$\bar{l}$——待测试样的晶粒截距的平均值；

M——相机放大倍数；

P——总结点数。

2.3.1.2 扫描电子显微镜（SEM）

采用扫描电子显微镜对表面经过抛光、腐蚀的铅银合金样品进行高放大倍率的组织结构观察与测试。不同制备工艺下获得的铅银合金样品分别进行切割、镶嵌、磨削、抛光、表面腐蚀之后，用 Philips XL-30 ESEM 扫描电镜进行表面形貌和组织观测。制样要求合金样品基体前后两端须露出金属表面以保证试样导电，才可以进行正常电镜观察。用二次电子及背散射电子像对 Pb-0.5%Ag 合金观察其显微组织和晶粒尺寸分布，工作电压一般为 10～30kV，最高分辨率可达到 3.5nm，放大倍数为 10 万倍。

2.3.2 导电性能测试

电导率是通常的电极导电性重要判据。通过测量试样的电阻率的大小，可获得试样导电能力指标。本文所有样品均采用四探针电阻测量方法。进行电导率测试的样品统一制成 10mm×5mm×50mm 大小，在样品中部取 10mm 等距四点，两端各留 10mm；采用压铟法保证导线与试样的良好连接，以减小接触电阻对测量结果影响。另外通过调节分别用 0.5A、1.0A、1.5A 电流并改变电流方向进行测试，最后取各次测量电阻的平均值以减小误差。四探针方法测电导率原理图如图 2-5 所示。

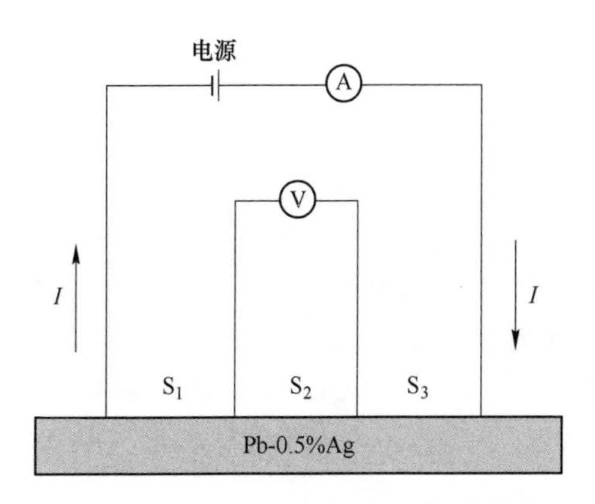

图 2-5 Pb-0.5%Ag 阳极电阻率测试图

根据式（2-2）和式（2-3）可计算铅合金电阻率[3]：

$$\rho = \frac{C\Delta V}{I} \tag{2-2}$$

$$C = \frac{20\pi}{\frac{1}{S_1} + \frac{1}{S_2} - \frac{1}{S_1 + S_2} - \frac{1}{S_2 + S_3}} \tag{2-3}$$

式中 ρ——电阻率，Ω · cm；

C——探针系数；

ΔV——电势差，V；

I——电流，A；

S_1，S_2，S_3——探针间距，cm（探针系数 C 取决于间距，本书实验 $S_1 = S_2 = S_3 = 1$，则 $C = 20\pi$）。

2.3.3　电化学性能测试

2.3.3.1　极化曲线

极化现象：在电化学中，极化是因电极与电解液中间障碍层演化而引起的某种电化学的机械副作用的总称。这一副作用影响着反应机理，也影响腐蚀和金属的沉积行为的电化学动力学过程。该词汇诞生于 19 世纪，人们发现电解过程中，电解液中的元素会被吸附到一个或者另一个电“极”附近。所以，最初的极化主要指电解过程本身，在有关电化学池的场景中用来描述电解质（极化液体）。随着众多电化学过程的发现，极化就成了发生在电解液和电极界面上的（并不期望出现的电势）力学副作用的代名词。这些力学副作用主要指：（1）活化极化：电极电解液界面上的气体积聚（或者别的非试剂产物）；（2）浓差极化：电解液的非均匀损耗引起边界层的浓度梯度。这两种作用都会将电解液与电极分离，阻挡二者间的反应或者电荷运输。这些障碍层随后产生的结果则是：（1）还原电势下降，反应速率变慢并最终停止；（2）电流转变成更多的热能而不是所期望的电化学反应结果；（3）根据欧姆定律的预期，电动势下降而电流增加，或者反之；（4）电化学池中的自放电率增加。这些结果具有多重的二次效应。例如，放热影响了电极材料的晶体结构，这些又能影响反应速率，及（或）加速枝晶形成，电镀变形等。

在有些电化学处理的场合下这种力学副作用也可能是有益的，例如，某些类型的电抛光或电镀利用了气体在平板的凹陷部位首先析出的优势。该特性可以用来减少凹陷处电流，并使突出的脊部和边缘处于较高的电流下。不想要的极化可以用剧烈搅拌电解液来抑制，或者当搅拌难于实现时（如静态的电池组）可以用去极化剂来抑制。

从另外一个更直观的角度来看，极化就是电解过程中的电极电位的变化。与处于平衡态的电极相比，此时电极上有电流通过，阳极的电位变得比阴极更高。在一定的条件下，极化具有如下效果：降低电池的输出电压，提高电解过程所需的外加电压或使电解电流变小。另外极化也可以描述为电流通过原电池时引起了电池偏离其动力学平衡态。

极化也是腐蚀过程中的一种重要的电化学现象。对于处在液体环境下的所有的金属和合金来说，阴极的极化总是降低腐蚀速率，阴极保护就是一种腐蚀体系的阴极极化的应用。电极的极化通常分为浓差极化、电阻极化和活化极化。

浓差极化是接近电极表面处出现离子浓度梯度而形成一个扩散层的结果，原因则是相关物质的扩散速度小于化学反应速度。该浓度梯度层中的离子扩散控制着电化学反应进程，并且对于电镀和腐蚀处理上是非常重要的。浓差极化可以通过增加搅拌或者提高电解液温度来减轻。

电阻极化描述了电极周围的电解液的高电阻引起的电极电位的下降，它也可以是电极表面由反应产物形成的薄膜的绝缘效应产生的结果，在电极表面生成有保护作用的氧化膜、钝化膜或其他不溶性腐蚀产物，这些高电阻产物增大了体系电阻，使电极反应受阻而造成的极化。电阻极化可以用欧姆定律来描述。

当电化学反应通过几个连续的步骤时，就发生活化极化，也叫电化学极化。此时电化学反应速度小于电子运动速度，即电化学作用相对于电子运动的迟缓性改变了原有的电偶层而引起的电极电位变化。特点是在电流流出端的电极表面积累过量电子，即电极电位趋负值，电流流入端则相反。由电化学极化作用引起的电动势叫做活化超电压。总的反应速度是由其中最慢的步骤（称为速率确定步骤）确定的。例如，在氢还原反应中：（1）氢离子从溶液吸收到阳极表面；（2）电子从阳极转移到氢离子，形成氢原子；（3）氢原子形成氢气分子；（4）形成氢气气泡。

阳极极化指电极电位在正方向上的变化。它是由电流跨越电极与电解质界面造成的，此时伴随着电极的氧化或阳极反应过程的进行。换言之，是由于阳极表面或者附近的电流引起了阳极电位变化。

阳极极化用来测量耐蚀性能和进行耐蚀保护。可用来确定材料发生快速腐蚀的电压范围。从材料腐蚀角度来说，极化指体系的电极电位相对于开路电压（自由腐蚀电压）的偏离。如正向电位变化就是阳极极化，负向电位变化就是阴极极化。例如，钝化金属某处的极化发生中断时，该位置会变得异常活化而加速局部腐蚀，在金属发生强阳极极化的情况下更是如此。对于非钝化金属（如在海水中的钢），阳极极化会加快腐蚀速率。对于具有活化到钝化转变的体系，起初阳极极化会增加腐蚀速率，然后导致腐蚀速率急剧降低。阳极保护实质上是阳极极化在腐蚀体系的应用。

阳极表面可经由形成一个薄而难渗透的氧化层来被极化。然而大多数的金属氧化膜的形成须加入铬酸盐、亚硝酸盐等阳极腐蚀抑制剂来辅助完成。

长期处于阳极电位下的合金通常会快速失效，伴随着抗拉强度明显降低，塑性明显丧失，以及表面晶间层的腐蚀或者整个均匀腐蚀。人工老化可以提高合金失效与腐蚀抗力。

极化曲线：极化曲线是根据特定电极与电解液上的电流密度（i）对电极电势（E）绘制的图形。极化曲线是反映了电化学反应的基本动力学规律。极化曲线对金属在各种条件下行为的定量化描述具有重要价值。钝化体系的极化曲线可以展现出活性/钝化或者钝化/过钝化转变过程。根据不同条件，极化曲线有许多种：活化极化曲线（Activation polarization curve）、浓差极化曲线（Concentration polarization curve）、欧姆极化曲线（Ohmic polarization curve）、阳极极化曲线（Anodic polarization curve）、阴极极化曲线（Cathodic polarization curve）、电化学极化曲线（Electrochemical polarization curve）、恒电位极化曲线（Potentiostatic polarization curve）。

在电化学测试中，极化曲线的测试是常见的评定金属耐蚀性手段。该方法简便易行，是研究电极过程动力学的基本方式。当铅银合金阳极置于硫酸溶液进行极化曲线测试时，铅阳极上将会首先发生如下反应：$Pb \rightarrow Pb^{2+} + 2e$，这是铅的溶解过程；随着电位的逐渐升高，铅合金阳极溶解加速。当电极电位升高到超过某一数值时，合金阳极将开始钝化过程，此时金属原子溶解速率将随电位增大而下降。阳极反应过程中，由于 $PbSO_4$ 及 PbO_2 在电极表面生成，这两种电导率均较小的物质覆盖在表面，未被产物覆盖的部分电流密度将提升并加速产生该种钝化膜，从而会阻挡阳极进一步腐蚀。

图 2-6 是阳极极化曲线的原理图。

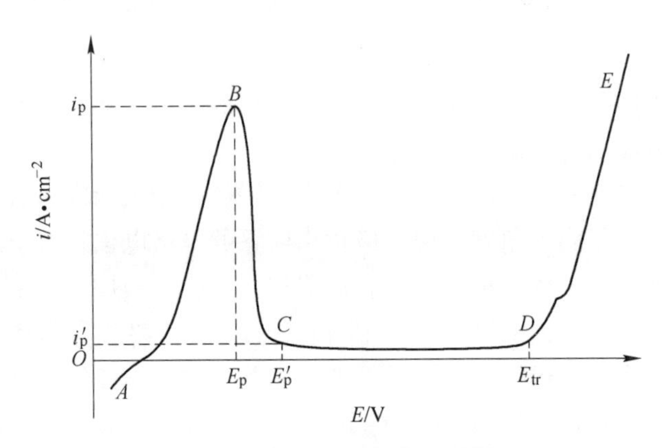

图 2-6　极化曲线分段示意图

图 2-6 中极化曲线可划分成 *AB*，*BC*，*CD*，*DE* 4 个阶段：

（1）*AB* 段：活性溶解区，阳极金属原子溶解速率随电压升高迅速增大，E_p 为致钝峰值电压，i_p 为峰值致钝电流密度，致钝电压的大小可表明金属钝化的难易程度，也即可反映金属耐蚀性能；

（2）*BC* 段：过渡钝化区，极化曲线斜率为负值区，此时因表面氧化膜或保护膜（PbO_2 或 $PbSO_4$）在阳极表面生成，阳极与溶液被隔开，电阻升高，电流下降；*B* 点称为临界钝化点；

（3）*CD* 段：稳定钝化区，此阶段电流变化很小，E'_p 是维钝电压，i'_p 则是维钝电流密度；

（4）*DE* 段：体系电流密度开始迅速增大区，称（超）过钝化区，此时阳极金属形成更高价态（$Pb^{2+} \rightarrow Pb^{4+} + 2e$，产生 $Pb(SO_4)_2$），E_{tr} 是过钝化电位，或破裂电位（钝化膜破裂电位），E'_p 到 E_{tr} 段称钝化阶段，此电压范围越宽说明金属钝化能力越强，i_p 与 i_p'越小也表明金属更耐蚀。

一般的极化曲线测试方法是采用“三电极、两回路”方式[4]，即工作电极（要测试的 Pb-Ag 合金）、参比电极（使用饱和甘汞电极）和辅助电极（铂电极），辅助电极也叫对电极。其中工作电极分别和参比电极、辅助电极构成的两个闭合电路。该种测试体系中，参比电极的鲁金毛细管中要充入琼脂与饱和 KCl 溶液制成的盐桥，以降低液接电势对测量的影响，图 2-7 为测量所用的电化学工作站装置原理图。

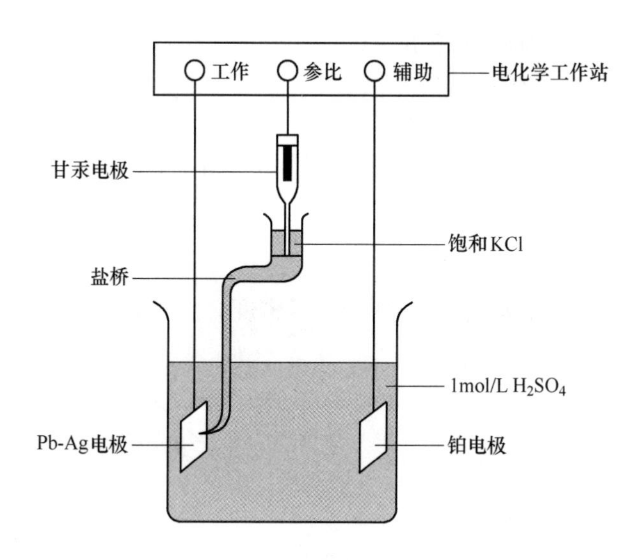

图 2-7 电化学工作站装置图

待测试 Pb-Ag 合金电极试样背面一侧用焊锡将电极体与引出导线牢固焊接以保证有良好的接触，减小接触电阻；然后焊接面及侧面一起用环氧树脂胶封样，仅在正面露出 10mm×10mm 测试面。封样须将试样侧面和背面完全包裹，不可露出测试面以外部分，以免影响测试结果。

2.3.3.2 Tafel 曲线

Tafel 直线外推法是另一种常用的测金属腐蚀率的方法。通过电化学工作站和相关软件拟合可测得 i_{coor}（自腐蚀电流密度）、E_{coor}（自腐蚀电位），以及 b_A（阳极斜率）、b_C（阴极斜率）等电化学腐蚀的重要动力学参数，以分析材料腐蚀的内在机理。该方法缺点则是在强极化区内偏离金属的自腐蚀电位很远，极化程度高，对体系干扰大从而造成一定测量误差。一般只适合用在强极化区。

强极化区（也叫 Tafel 区）中，当所加极化电压和自腐蚀电压差够大时，金属腐蚀速率方程[5]可简化为式（2-4）和式（2-5）：

$$\Delta E_{AP}=-b_A \lg i_{coor}+b_A \lg i_{A外} \tag{2-4}$$

$$\Delta E_{CP}=b_C \lg i_{coor}-b_C \lg i_{C外} \tag{2-5}$$

式中　ΔE_{AP}——阳极电位；

ΔE_{CP}——阴极电位；

i_{coor}——腐蚀电流密度；

$i_{A外}$——外加阳极电流密度；

$i_{C外}$——外加阴极电流密度；

b_A——阳极系数；

b_C——阴极系数，也称 Tafel 常数。

ΔE_{AP}和 ΔE_{CP}对 $\lg i_{A外}$和 $\lg i_{C外}$分别作图，可得两条直线与曲线相切，其斜率称 Tafel 常数。两条切线延长线相交于 S 点，当外加的极化电流 $i_{A外}$和 $i_{C外}$各与金属的氧化电流 $\vec{i}_1$和阴极的还原电流 $\overleftarrow{i}_2$相等时，腐蚀达到稳定态，测该点横、纵坐标即可得金属自腐蚀电位 E_{coor}与自腐蚀电流密度 i_{coor}。

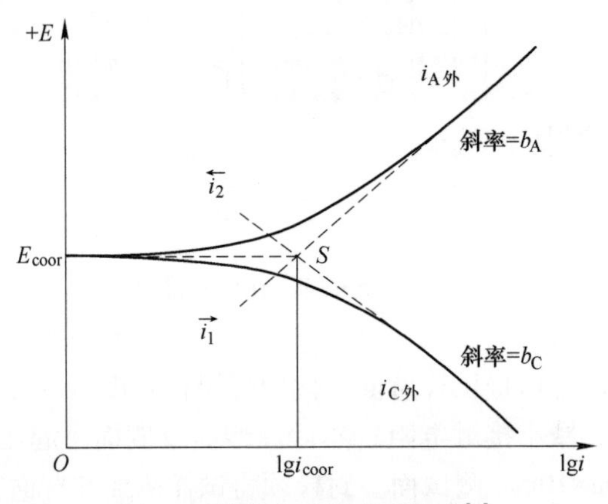

图 2-8　塔菲尔曲线及其构成[6]

2.3.3.3　槽电压

在实际电积锌过程，槽电压占电能消耗绝大部分，故降低槽电压即可降低能耗，因而槽电压的测量具有比较重要的现实意义。将制备的 Pb-0.5%Ag 合金阳极制成 30mm×50mm 极板，上方打孔穿入导线并用螺丝固定在电解槽横梁上之后用 AB 胶密封，经 24h 自然固化，使用轮式钢丝刷进行打磨，去除试样表面氧化层，即可开始电积锌的槽电压测试实验过程。实验使用的 $ZnSO_4$电解液配比为：Zn^{2+}离子浓度为 65g/L，H^+浓度为 160g/L。实验过程使用蒸馏水加七水硫酸锌并与硫酸混合。电解槽的槽电压测试用多槽串联方法，如图 2-9 所示。阴极用比阳极面积稍大的铝合金板做电极，极间距为 30mm，然后放入配好的 $ZnSO_4$溶液中开始实验。

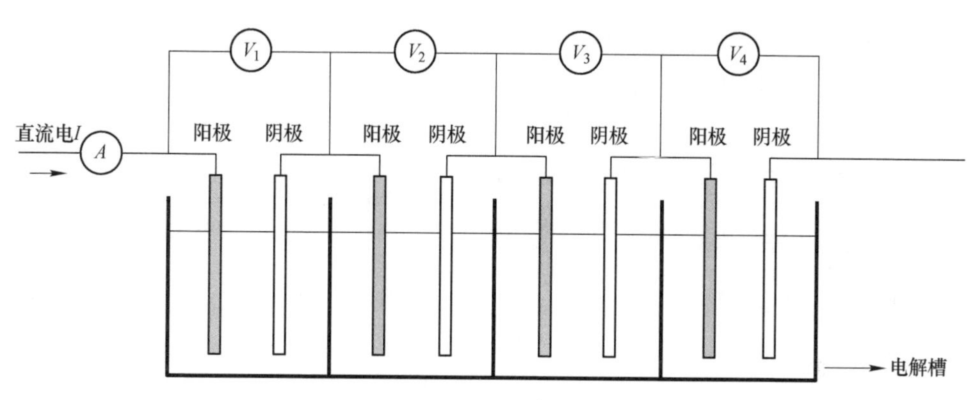

图 2-9　槽电压测试原理图

各槽内加入同等量电解液。开始测试后，在工作状况恒定平稳的情况下，每间隔一小时对槽电压作一次记录，工作电流设置成 0.70A。工作过程中，因为有析氢析氧反应，以及考虑到可能有少量液体蒸发，为保证电解液充足以及各槽中液面高度相同，需不定时向槽中补充电解液以维持实验的平均工作电流密度。

在实际生产过程中，工作电流效率 η 及直流电能消耗 W 通常是重要的经济效益评定指标。这两个参数都可以通过槽电压、工作电流和阴极析锌产量进行计算得出，其计算公式[7]分别如式（2-6）和式（2-7）所示：

$$\eta = \frac{G}{qItn} \times 100\% \tag{2-6}$$

$$W = \frac{IVt}{qIt\eta} = \frac{V}{q\eta} = \frac{820V}{\eta} \tag{2-7}$$

式中　G——实际的阴极析锌量，g；

q——锌的电化当量，一般取 1.2195g/(A·h)；

I——工作电流，A；

t——电沉积时间，h；

n——总电解槽数量；

V——槽电压，V。

工作过程的电极电势 E 和欧姆降 R 间关系由式（2-8）确定：

$$E = a + b\lg D_{\mathrm{k}} + IR \tag{2-8}$$

式中 a——常数；

b——Tafel斜率；

D_k——平均电流密度；

I——工作电流；

R——由电解液的电阻、$ZnSO_4$分解电压、阳极泥的电阻、引出极接触电阻和阳极体电阻构成的总欧姆降。

降低电极内阻可使电极电位下降，而电极电位的降低可减小电极反应的推动力，电极反应越容易进行，电流效率就越高，就越节约能耗。

2.3.4 显微硬度测试

硬度是材料的重要力学性能指标，它能够反映出材料的塑性变形和弹性性质的特性指标。硬度测定的试样制备过程简单，对试样基本无破坏，接近无损检测方法。测量速度快，操作简便。而且硬度与材料强度有着相似的换算关系，甚至可以根据硬度值得出近似的强度极限。硬度的测定方法通常都是采用标准形状和尺寸的较硬物体在特定压力下接触材料表面来测定材料变形抗力。除肖氏硬度是表征弹性变形抗力外，一般的硬度测试使用不同载荷主要是表征材料的抗塑性变形能力。

硬度测定可以反映材料的机械强度和抗变形能力，而压痕硬度（indentation hardness）则是比较通行的硬度值测量方法。压痕测定的方法有多种，压痕有宏观和微观之分。对金属材料来说，压痕硬度和材料的抗拉强度具有线性相关性。因而我们选择这一简便而有效的方式来评估各种工艺方法对铅银合金电极材料的强度和力学特性的影响。

通常的硬度测试方法主要有洛氏硬度HR，布氏硬度HB，维氏硬度HV等方法。洛氏硬度是采用顶角120°的金刚石圆锥或直径1.58mm的钢球为压头，使用一定载荷压入材料表面，由压痕深度求出材料硬度。根据材料硬度的不同分为HRA、HRB、HRC三种标度，分别对应于极高硬度、中等硬度和较高硬度的如硬质合金、普通退火钢铸铁和淬火钢等材料的测试需求。HRA使用60kg载荷钻石圆锥，HRB采用100kg载荷1.58mm淬硬钢球，HRC使用150kg载荷的钻石锥体压头。

布氏硬度（Brinell scale，BHN（Brinell Hardness Number）= HB = N/mm^2）是所有硬度试验中压痕最大的一种测试方法。由于通常采用10mm直径球形压头，3000kg试验力，因而具有较大的压痕面积，可以显示较大范围内的金属各组成相综合影响的平均值，所以较少受到试样组织的微观偏析或个别组成相不均匀的影响，它能够反映出材料较大区域的综合性能，因而它是一种总体精度比较高的硬度试验方法，具有比较好的硬度代表性。特别适用于灰铸铁、轴承合金和具有粗大晶粒的金属材料。该方法实验数据稳定重现性好，精度高于洛氏硬度，低于维氏硬度，此外布氏硬度与材料的抗拉强度直接存在较好的对应关系。从传统上来说，铸铁、有色金属及软合金等材料的硬度测定较多采用布氏硬度实验。

但是布氏硬度的特点是压痕较大，成品检验有困难，实验过程比洛氏硬度试验复杂，测量操作和压痕测量都比较费时，并且由于压痕边缘的凸起，凹陷或圆滑过渡都会使压痕直径的测量产生较大的误差，因此常要求操作者具有熟练的实验技术和丰富经验，一般要求专门的人员操作才能保证结果具有较高的准确度。

维氏硬度 HV 的测量原理基本与布氏硬度相同，不同的是采用了正四棱锥金刚石压头，压头四棱锥对面夹角 136°，底面为正方形。分别以 1～120kg 以内的不同载荷将 136° 顶角金刚石方锥压入待测表面，以压痕凹坑面积除以所加载荷即为维氏硬度值（MPa），负载的选择主要取决于材料的厚度。维氏硬度测试（Vickers hardness test）是 1921 年由 Vickers Ltd. 公司的 Robert L. Smith 和 George E. Sandland 开发的材料布氏硬度测量方式的替代方案，其试验方法通常比其他测试方法更容易使用，而且获得硬度值所要求的计算不受测量用的压头影响，其测试压头可以用于各种硬度的材料试验。而其顶角选择为 136°是为了使维氏硬度得到一个成比例的并在较低硬度时与布氏硬度基本一致的硬度值。其原理与通常所用的硬度测量方案类似，都是与一个标准原始样对照来测试材料的抗塑性变形能力。维氏硬度可以适用于所有的金属试样，并且是具有最宽的硬度测量范围的硬度测试方法之一。其单位是 HV（Vickers Pyramid Number）或 DPH（Diamond Pyramid Hardness）。硬度的数值可以转为 pascal，但是不能与压力的单位 pascal 弄混。硬度值由施加的载荷与压痕的表面积决定，但是此表面积并非是与力正交的面积，所以它与压力并不一样。

一般把载荷大于 1kg 力测得的硬度称为宏观硬度，它主要用于较大的试样可以通过硬度测试反映材料的宏观性能；载荷效应 1kg 的称为微观硬度，主要用于小而薄的样品，可以反映材料表面硬度，特定显微组织的相硬度。

显微硬度 HM（microhardness，或 microindentation hardness testing）已经在文献中广泛使用于低载荷下的材料硬度测试。显微硬度计实际上是一台带有负荷加载装置的显微镜，其中显微镜用来对压痕组织定位及进行压痕长度测量。其硬度测量原理与维氏硬度相同，也是用压痕面积除以载荷表示。不过样品需要抛光和腐蚀制成金相显微试样，既可以对单相金属与合金的硬度进行准确测试，也可以方便地对显微组织中各相硬度进行测定。所以显微硬度并非仅指显微组织的硬度测量。

显微硬度测试中，使用特定形状的钻石压头以一个已知的大小在 1~1000g 之间的力（称为载荷或测试载荷）被压入被测样表面，载荷大小可以根据待测试样的硬度不同而增减。金刚石压头压入表面后产生一个凹痕，然后用显微镜十字丝对准凹坑，通过目镜测量菱形压痕对角线长度，将载荷与长度代入公式计算可得材料的显微硬度值。典型的显微硬度试验的压力是 2N（大约 200g 的力）产生 50μm 的压痕。由于其压痕的特殊性，显微硬度测试可以用于观察微观尺度范围的硬度改变。不过显微硬度测量难以标准化。已经发现几乎任何材料的显微硬度都要比其宏观硬度值高一些。此外显微硬度会随着载荷以及加工硬化效应而变化。使用显微硬度测试的好处还在于同时可以施加更大载荷以得到宏观压痕测试结果。

两种最常用的显微硬度测试是维氏硬度测试（Vickers hardness test）和努氏硬度试验（Knoop hardness test），其区别是使用的金刚石压头形状不同。维氏显微硬度压头是与维氏硬度计相同的顶面间夹角 136°金刚石正四棱锥压头，计算公式为 $HV=18.18P/d^2$。努氏硬度是以发明人美国的 Knoop 命名的，使用对棱角 170°30′和 130°的压头，计算公式为 $HK=139.54P/L^2$。过去又称克氏硬度、克努普硬度等，也属于小负荷的硬度试验。不过努氏硬度主要适用于硬而脆的材料，或者表面硬化层深度的测定。

本文所研究的低银含量铅合金属于较软的金属材料，材料内的银含量只有 0.5%。该成分的铅银合金属于亚共晶合金，铅基体对共晶合金具有较大的固溶范围，除非银含量较大时才会在铅的晶界大量析出引起严重的偏析和组织成分不均匀，所以一般情况下样品都属于单相组织，很难存在比较大的多相组织和成分不均匀分布，并非必要作布氏硬度测试才可以避免局部的硬度差异引起的误差。所以采用了显微维氏硬度测试作为试样的机械性能评价工具，一般可以满足我们的研究需要。

显微硬度是材料抵抗变形的能力的表现，与常规测量材料硬度的方法相比，试样几乎未被破坏，可测试细小的零件和脆性大的材料的硬度，且施加在金刚石压头上的负荷很小，须小于 0.2kg。通过显微镜测量试样表面压痕对角线长度和负荷大小即可计算出材料的硬度。

$HV=0.102F/S=0.102\times 2F\sin(\alpha/2)/D^2$，其中 α 为压头锥面顶角，取 136°，则：

$$HV=1.8544\times F/D^2 \tag{2-9}$$

式中　F——负荷大小，g；

　　　D——压痕对角线长度，mm。

显微硬度单位为 MPa。

此外，显微硬度测试还对所测试样做了以下要求：

（1）测试之前，应对试样做抛光腐蚀和去除试样表面氧化层处理，以减少加工引起的材料硬化；

（2）测试面应保证平坦，以避免试样不平对压痕大小产生偏差；

（3）若试样表面为曲面，应进行修正；

（4）打点部位应离晶界至少保留一个压痕对角线的长度，以避免晶界对结果产生影响。

本文所用合金样品的测试参数如下：

（1）载荷选用 0.098N 试验力（10g 砝码）；

（2）压紧保持时间为 10s；

（3）在 500 倍放大倍率下测量，最小检测单位每格 0.309μm；

（4）每试样打点 7 个，去掉其最大和最小值，剩余 5 个值取平均，以减小实验过程测量误差。

显微硬度测试原理如图 2-10 所示。

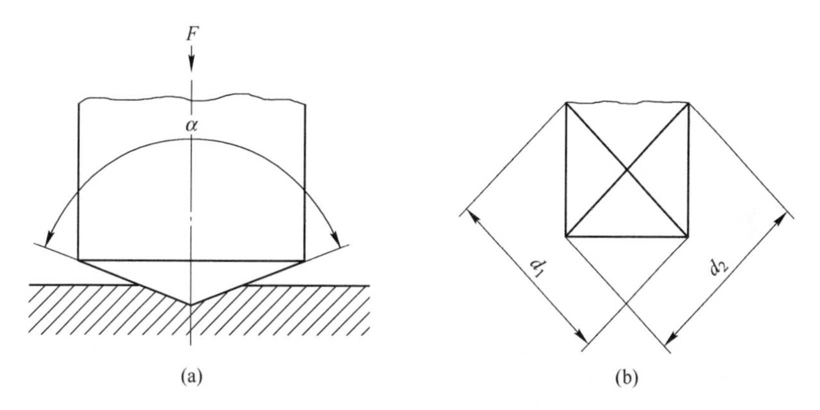

图 2-10 显微硬度的测试原理

（a）正四棱锥金刚石压头；（b）维氏硬度所测的压痕对角线

参 考 文 献

[1] 李文军，郝政铧．超声波振动对 Al-8.0%Cu 合金抗裂性的影响［J］. 有色金属，2011，6：37~40.

[2] GB/T 6394—2002. 金属平均晶粒度测定方法［S］.

[3] 杨秀琴，竺培显，黄文芳，等．Ti-Al-Ti 层状复合电极材料制备与性能［J］. 材料热处理学报，2010，31（8）：15~19.

[4] 胡会利，李宁. 电化学测量 [M]. 北京：国防工业出版社，2007：41.
[5] 刘道新. 材料的腐蚀与防护 [M]. 西安：西北工业大学出版社，2006：71.
[6] Amornvadee Veawab, Paitoon Tontiwachwuthikul, Amit Chakma. Influence of Process Parameters on Corrosion Behavior in a Sterically Hindered Amine-CO_2 System [J]. Ind. Eng. Chem. Res. 1999, 38 (1): 310~315.
[7] 吴红军，王宝辉，阮琴，等. 稀土 Nb 掺杂 Ti/RuO_2-Co_3O_4 电极电催化性能研究 [J]. 稀有金属材料与工程，2012，41 (1)：49~53.

第 3 章　铅银合金电极的阳极组织与性能分析

晶粒细化处理技术中的不同工艺过程的技术参数对铅银合金阳极的显微组织、导电性能及电化学性能都有影响。本章主要探讨和分析平粒尺寸细化程度如何影响合金电极的耐蚀性能及其发挥作用的机理；经由不同的加工处理方法及适当工艺参数调整，分析影响合金的平均晶粒度及组织分布，进而提高合金阳极的机械与电化学性能，实现节能降耗和提高生产率等目的，从而证实最初提出的研究设想和技术方案，证实提出的研究所具有的技术思路的可行性和产生有益经济效果。

3.1　超声波凝固法制备铅银合金阳极样品

通过对凝固前的 Pb-Ag 合金采用超声波干预凝固技术进行超声振动处理，以获得更多的初始晶粒，以获得均匀而细化的微观组织，实现提高强度，改善综合电化学性能的目的。

超声波通常指振动频率在 20kHz 以上的高频声波。强度较低的超声波常用作生物体组织状况检测、物品清洗、金属探伤等领域。当其强度超过一定程度，超声波与传声介质的相互作用可以引起介质状态、性质和结构变化，如超声加热、超声焊接。这种超声称为功率超声或者高能超声。

超声波影响金属凝固过程细化晶粒的研究始于 20 世纪 20 年代，并在 60 年代被较多关注。当时由于金属的微合金化、变质处理（铸铁中称孕育处理，指向液态金属或合金加入其他物质，促进形核、抑制生长以细化晶粒。本质上说，孕育处理侧重影响形核，而变质处理则是抑制晶粒长大）和电磁搅拌等工艺更为简单的细晶技术发展较快，加上超声变幅杆高温性能和设备的超声功率限制制约了该技术的进一步应用。但是从当前的材料再生重复利用性和节能环保需求的角度来看，无污染的物理细晶技术可减少杂质引入，提高材料重复利用可能更受欢迎。科技进步带来的大功率超声设备和耐高温变幅杆、非接触式超声波等技术的出现为超声技术的利用开辟了广阔空间。

超声波在固体、液体和气体中的传播过程中被吸收。固体吸收能力较弱，气体吸收率最高，液体居中。高功率超声不仅能产生引起介质分子加速热运动及分子间距离的压缩和稀疏的声压作用，甚至能够破坏其分子结构和影响其重组。这些作用综合了力学、热学、光学、声学和化学作用。

已有的研究表明，超声波对于金属凝固组织细化，促进柱状晶组织向等轴晶转变，改善宏观和微观成分偏析等方面效果明显。目前提出的主要理论有破碎理论和过冷生核理论，核心是声空化现象。超声破碎理论认为高能量超声形成的气泡在一定声压阈值下破裂并产生激波，打碎长大的晶粒而实现晶粒细化。过冷形核理论则认为是超声空化气泡及气泡内液体蒸发降低气泡温度进而使气泡表面液温下降而产生过冷，围绕形成核中心而产生新的晶核。

3.1.1 实验方案选择

在合金的熔点附近，不同温度下的合金熔融体的流动性将会有较大的差异，由于一般超声波设备能量功率不可调节，为了找到合适的熔融合金超声温度区间及合适的超声工作时长等参数，本章采用了等间隔的温度区梯度对铅银合金的超声晶粒细化效应进行了研究，对样品的金相形貌及电学性能和电化学性能进行了分析。

3.1.2 超声温度的选择

样品的超声处理温度见表 3-1。

表 3-1 样品的超声处理温度

样品编号	温度/℃	持续时间/min	频率/kHz	功率/W
1-1	340	1	20	100
1-2	355	1	20	100
1-3	370	1	20	100
1-4	385	1	20	100
1-5	400	1	20	100

3.1.3 实验样品的显微组织观察与分析

处在不同温度的铅银合金熔融体施加多个时长的超声波振动，研究了超声波振动对于铅银合金的显微金相组织形态和平均晶粒直径的尺寸分布的影响。

图 3-1 中 1-0 号样品是未经超声处理的样品，其余的则是铅银合金经过超声波振动处理和未处理样品的金相组织照片对比。

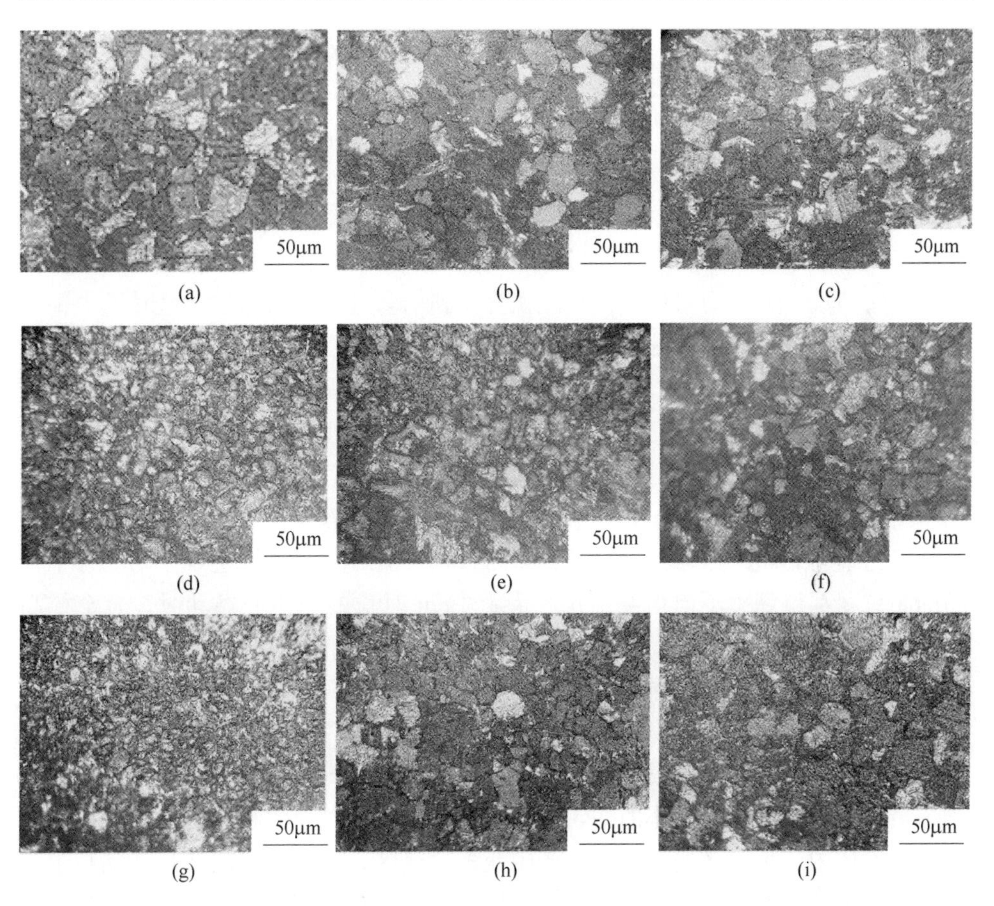

图 3-1 铅银合金显微组织图（200×）
（a）1-0 号（原始样）；（b）1-1 号（340℃-1min）；（c）1-2 号（355℃-1min）；
（d）1-3 号（370℃-1min）；（e）1-4 号（385℃-1min）；（f）1-5 号（400℃-1min）；
（g）1-6 号（370℃-2min）；（h）1-7 号（370℃-3min）；（i）1-8 号（370℃-4min）

由图 3-1 可知，未进行超声波凝固处理的铸造铅银合金样品的晶粒较粗大，其 Ag 元素存在一定偏析，计算得到其平均晶粒直径约为 52μm。随着施加超声振动时合金温度的升高，得到的样品的平均晶粒度可见到明显细化；当熔融合金的温度为 370℃时，所得到的样品的平均晶粒尺度细小而均匀，合金中的金属 Ag 偏析有明显的改善。对于更高温度处理的合金熔体，样品平均晶粒尺寸较大。其原因可能在于 340℃的温度刚刚超过 Pb-0.5%Ag 固液转变线（327℃附近），此时的合金熔融体的黏滞度较大，流动性差，超声波振动产生的声波空化振动和搅拌作用较弱，不足以有效击碎初始晶的形核环境中的能量起伏，难以形成一定数量的新的均匀结晶形核中心，故虽经过超声处理，其对于合金凝固的晶粒细化效应不明显。若温度继续升高至 355℃时，合金熔体流动性有少量改善但仍不明显，黏度还比较高。图 3-1（c）与图 3-1（b）相比较来说，晶粒细化程度已经开始提高，不过仍存在粗大的晶粒。合金熔体继续加热至温度达 370℃时，合金熔体流动性和黏度足以在超声波作用下充分发生空化效应的扩散和扰动搅拌对流作用，使得局部大的温度场和能量起伏环境被破坏，促使整个熔融流体内部形成更加均匀的冷却形核环境的产生。另外，超声波的声流扩散和振动效应（声波促使熔体的黏性下降，流动增加），起到对整个铅银合金熔体进行搅拌的效用，促进较多的晶核生成和均匀长大，所以就会得到均匀且较小的晶粒。这时铅中银元素的偏析也会有一定程度的改善。当合金熔体温度达到 400℃时，超声振动处理完成后，合金的温度较高，到铅银合金熔融态凝固成固相中间会有较长的温度下降时间。此时经由超声波处理而形成的众多初始晶核或小晶粒有可能会发生重新分布重组，变成接近未超声处理的状态，晶粒也接近未超声处理时大小。由于 385℃和 370℃的温差较小，所以初始晶粒的再分布还没有那么明显。

对比不同的超声振动处理时间样品的金相形貌可见，施加超声振动的合金样品的晶粒度都得到了不同程度细化。采用 1min 时长的超声波振动时，合金样品中的晶粒均匀度和细化程度都达到最佳状态。这可能是因为选择 370℃的熔体温度进行超声处理，合金熔体具有适宜的黏度，使得超声作用的空化效应及声流作用得以充分发挥，短暂超声波施振处理产生大量形核中心。同时温度也不太高，超声振动结束后合金内的流动和起伏不易扩散，各个形核小区内的晶粒开始生长，最后得到大量较为细小的均匀分布的晶粒。较长时间的超声振动处理可能会在合金熔体内产生较多的热效应，产生众多过热区，使冷却时间变长，晶粒生长过程中发生晶界扩散、晶粒合并，进而生成较为粗大的晶粒。按国标（GB/T 6394—2002《金属平均晶粒度测定方法》）中截点法对图 3-1 中各图的平均晶径分布进行分析和测定，统计计算的结果见表 3-2。

表 3-2　不同工艺参数下试样的平均晶粒度

施加超声时温度对晶粒度

超声波温度/℃	无	340	355	370	385	400
晶粒尺寸/μm	52	39	31	11	19	25

370℃不同超声处理时长对晶粒度

超声波时间/min	无	1	2	3	4
颗粒尺寸/μm	52	11	14	22	24

3.1.4 超声样品的导电性能测试分析

采用四探针测量方法，对1-0号~1-8号试样分别进行导电性测试。由于铅合金表面易氧化，测试前必须用砂纸打磨掉试样表面的氧化物层。采用公式（3-1）和式（3-2）来计算铅合金样品的电阻率[1]：

$$\rho = \frac{C\Delta V}{I} \tag{3-1}$$

$$C = \frac{20\pi}{\frac{1}{S_1}+\frac{1}{S_2}-\frac{1}{S_1+S_2}-\frac{1}{S_2+S_3}} \tag{3-2}$$

式中 ρ——电阻率，Ω·cm；

C——探针系数；

S_1，S_2，S_3——探针间距，cm，C的取值与探针间距相关，实验中取$S_1=S_2=S_3=1$，即$C=20\pi$；

ΔV——电位差，V；

I——电流，A。

计算试样电阻率，计算结果如表3-3所示，工艺参数与电阻率之间的关系如图3-2（a）、（b）所示。

表3-3 铅银合金阳极的电阻率测试结果

不同超声温度的样品						
温度/℃	无	340	355	370	385	400
电阻率/μΩ·m	2.9233	2.823	2.711	2.548	2.809	2.679

370℃不同超声处理时间样品					
时间/min	无	1	2	3	4
电阻率/μΩ·m	2.923	2.5489	2.703	2.762	3.056

根据图3-2（a），可以看到，没有经过超声波凝固过程处理的原始样的电阻率最大，而大多数经超声波振动于预凝固过程处理的样品电阻率都呈现了不同程度的减小。参考样品平均晶粒度的对比，发现经超声波处理后凝固获得的试样，材料内的平均晶粒度与普通铸造样品对比发现有不同程度的细化。其中的合金元素Ag的偏析也有明显改善，而且电阻率也下降较多。随合金熔体超声的温度逐

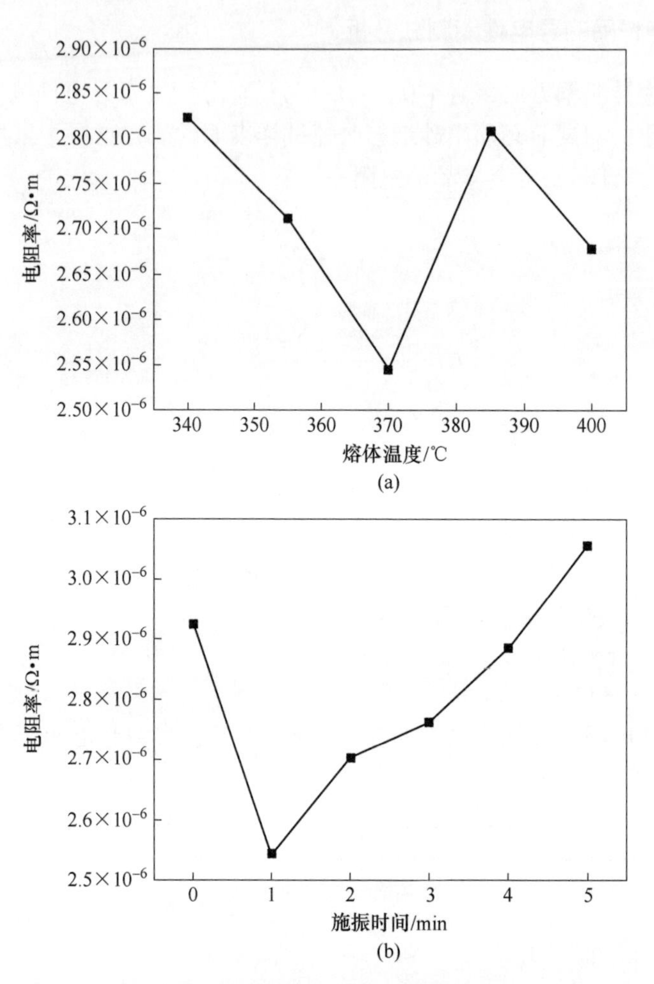

图 3-2　超声处理工艺与电阻率关系

（a）温度与电阻率关系；（b）时间与电阻率关系

步升高，合金样品的电阻率先是逐渐降低，到 370℃以后，又开始逐渐上升。在熔体温度 370℃进行超声处理的样品测得的电阻率数值最小。这是由于在熔体温度比较接近合金熔点时，熔体的黏度仍然比较大，流动性差，超声波处理能量不足以充分干预合金内部的温度起伏区和过冷区的形核和长大过程，因此对于合金的结晶过程的晶粒细化作用不明显，存在一定数量的粗大晶粒。此时，Ag 元素存在一定程度的偏析。Ag 的偏析会导致整体的电阻率下降，所以电阻率依然较高。随着超声波作用时样品的温度逐渐升高，到达一定温度区间时，合金熔融体中的金属原子热振动加快，平均原子间距增大，相互作用力下降，由于金属原子动能提高，振动加剧，引起合金的黏度下降，流动性增强，因而所施加的超声波能量已经足以改变合金中的温度起伏和影响局部过冷区的形核与生长过程，使得金属内部的温度分布更加平坦，利于更多结晶形核中心在各处同时生成。晶体形核中心越多，随后温度的逐渐下降时便能产生越多的晶粒，能量分布越均匀，过冷区形核中心面积越小，晶核就越多，则后来形成的晶粒就越多，每个晶核的可生长区就越小，得到的晶粒就会尺寸越小越致密。随后结晶过程就可以得到更加细小均匀的晶粒组织分布。超声的处理能有效产生空化效应和声流作用，促进局部金属原子的扩散运动，即促进冷热区之间的原子流动，改善局部过冷凝结形核区内的温度不均匀分布，限制局部过冷度面积扩大，形成了利于小晶粒的生成环境，从而避免少数领先生成的过冷结晶区的晶核快速长大和扩张而形成大的晶粒。

均匀的微观组织结构与细小的晶粒分布通常也导致合金电阻率的下降。我们可以对金属的电阻率与晶粒尺寸、晶界关系做如下的分析：

金属单晶体的电阻主要来自晶格本身周期性散射及其热振动对于电子的散射作用。多晶体的电阻则包含缺陷的晶格散射及晶界散射。晶粒的大小对于电阻率的影响则由以下几项构成：

（1）晶粒尺寸较大的金属，通常晶粒尺寸大到一定程度在晶粒内就可能出现错位、失配等点缺陷以至于位错、层错和孪晶（小角晶界或亚晶界）等，即出现缺陷的概率会更大。而对于大晶粒金属的晶粒边界来说，晶粒越大，其生长环境差异越大，相邻晶粒之间的最后形成的边界上的晶格错位和形成的间隙就可能越大；此外，加上晶粒的大小也更加不均匀，也即晶界上的缺陷通常也可能会更严重，所以大晶粒的晶界厚度一般也越大。当然晶粒大到一定程度，总晶界占的体积分数会变得较小，但因其缺陷更多则其单位体积晶界对于电子运动的散射作用应当是更大的，也即该晶界会贡献较大的电阻率，并有较厚的晶界。

（2）晶粒尺寸较小的金属，晶粒内部的缺陷一般比大尺寸晶粒少，因此小晶粒的电阻率应当比大晶粒金属的晶粒电阻率小。此外对于小晶粒金属来说，因晶粒尺寸较小，结晶时相邻晶粒的成分、温度等环境更相似，晶粒的生长取向可能也更接近，最终形成的相邻晶粒之间的晶界上的错位和失配度等缺陷也会更少，晶界层宽度应当稍小些。与同样宽度的大晶粒晶界相比，小晶粒晶界的电阻率应当要小一些。因其晶界内的缺陷要略微少于大晶粒晶界内的缺陷，则其晶界对于电子的散射较小，其电阻率也小。但平均晶界宽度相差有限，多不过数倍；两种界面内的缺陷也相差不多，也即两种晶界电阻率一般也很难差几十倍，其差别一般都不应超过同一数量级，三者正负相抵至差不过十倍左右。那么引起电阻率较大差异的主要因素就是晶粒总面积与晶界总面积之比。当可以忽略晶界宽度时，我们可以取金相图谱中的观察视野截面的晶界总长度之比来代表晶界面积之比进行估计。因晶界长度可以相差很大，当电阻率相差较多时，可以作为解释其电阻率差异微观机制的可靠依据。晶界长度相差几十倍以上时，我们的估算一般就可以忽略大小晶粒的晶界宽度差和两类晶界的电阻率的差别，因为此时晶界总长度决定了晶界总面积，成为决定两者电阻率大小的主导因素。晶粒内的电阻率与晶界相差一般会较大。所以根据晶体截面内的晶界总面积（或晶界长度）差异可以大致估算其电阻率的差别。

(3) 当晶粒度增大到一定程度后，随着晶粒度的增加晶界占总金属体积的体积分数下降，即晶界体积越来越小。单个晶粒内部的缺陷也有一定数量限制，同时晶粒的电阻率一般远远小于晶界电阻率，所以当达到某个尺度的平均晶粒的情况下，金属的电阻率就开始下降。当晶界面积越来越小，直到成为单晶体时，金属的电阻率达到最低。

对于 Pb-Ag 合金来说，因为纯铅的电阻率比较大，一般少量银的加入即可以较大地降低其电阻率，这是因为一定量的 Ag 的存在可以与铅形成共晶合金。共晶合金具有比较低的电阻率。根据铅银合金二元相图，铅银共晶合金的成分构成（质量分数）是 95.5%Pb+4.5%Ag，那么 0.5%的银最多可与 $0.5\times(207/107)\times(95.5/4.5)=20.5\%$的铅构成共晶合金，即共晶成分最多可以占到 20%的合金重量，大约 1/5。因而少量的 Ag 就可以使其导电性得到较大提高。未能形成共晶合金的其余的银，因为室温下 Pb 中能固溶的 Ag 量很少，所以一般 Ag 将以单质的形式存在。而从 Pb-Ag 二元相图中我们可以看出 Pb 在 Ag 中的最大溶解度极限不会超过 0.3%。当银的偏析加剧时，局部 Ag 的富集导致基体中的纯铅晶粒大量增多，电阻率低的共晶合金大为减少，这是因为银铅共晶成分的银铅之比是 1∶41，所以 Ag 的聚集必然使电阻率较大的纯铅大量增多，而很少的团聚在较小体积内的 Ag 晶粒对较大的整个样品导电截面来说虽然其导电优良，但是却于事无补。所以材料的电阻会大大增加。

在另一种情况下，如果银能够在晶界以薄层或小颗粒形式均匀地析出，因为铅晶粒电阻率低于铅晶界电阻率，这时如果银可以弥散分布于较大晶界（或以共晶组织较均匀地分布于晶界），也可以一定程度上提高整体的导电性，降低电阻率。至于共晶组织在晶界上形成和分布可能需要很严格的热力学条件和环境，其可否在晶界上以较小颗粒形式生成或弥散分布可能性很低。不过单纯从导电性来讲，在铅银合金中 Ag 颗粒好于 AgPb 共晶，AgPb 共晶好于 Pb 晶粒。AgPb 共晶颗粒晶界好于 Pb 颗粒与共晶颗粒晶界，Pb 颗粒与共晶颗粒的晶界又好于 Pb 晶粒边界。Pb 晶粒与 AgPb 共晶体晶粒的晶界的电阻率不太容易确定。当晶界面积较大时，多种晶界的电阻率差异分析可能有助于对合金的电阻率的深入分析。

Ag 导电性非常好，而铅中 Ag 的存在和分布比较均匀时，无论 Ag 以单质形式分布在 Pb 晶界上还是构成共晶合金，都对于 Pb 合金的导电性有较好的提升。如果发生 Ag 的较大偏析，样品的导电将以纯铅为主体，则 Ag 的作用难以发挥，电导率下降。

随着对合金熔体超声处理的温度的继续提高，在合金凝固过程中的晶粒有表现出重熔和长大的现象，可能是导致其电阻率升高的原因。根据400℃超声处理样品与385℃超声处理样品电阻率比较来看，400℃的样品电阻率较低。这是否与银的偏析现象得到抑制有关，值得进一步考虑和探索，在低黏度的熔体中超声波可以更有效地促进 Ag 的均匀化分布。或者可能需要在其间设计增加一些温度测试点重复此实验将可能有助于弄清和确定这一个问题。

图3-2（b）是采用不同的超声振动时间的样品的比较。超声波的施振时间分别为1~3min获得的试样，测得的样品的电阻率与未经超声波振动处理的原始铸造试样相比都有不同程度降低。当超声波振动的时间继续延长至4min时，合金试样的电阻率反而变大。在熔体处于370℃时，熔体黏度足以充分流动和传热，对其施加短时间的超声处理即可有效产生气泡空化效应和声流扰动作用而产生众多较为平均的结晶形核小区，超声波撤掉后，流动和扩散过程稍稍减弱，随后的降温过程开始后，原有的各晶核结晶中心即基本同步开始晶粒生长，所以最后得到的晶粒大小较为均匀，同时初始晶核越多则得到的微观组织也会呈现细小而致密的组织分布，因而使得获得的样品电阻率较低。随着超声波振动的时间延长，或许产生了较强的热效应，导致熔体的温度升高而晶粒长大，由表3-1发现该370℃、4min 样品晶粒大小与400℃超声 1min 的样品晶粒大小非常接近（25μm 和 24μm），而与其他样品晶粒度相差较大；电阻率的变化可能是由于超声空化和振动作用时间长，使熔体内出现小气泡，而熔体原本温度不高，超声使得金属体内产生许多小的振动摩擦温升区，当振动的时间又不够长到足以使众多小的升温气泡区连成一片，若产生的气泡不能扩散至熔体表面而残留在熔体内部就会形成气孔，这时材料内部的缺陷的存在等于减小了材料的有效的导电截面，又相当于产生了新的缺陷对电子的传播造成更多扰动，从而导致电阻率升高。

由以上分析，通过调节熔融金属超声振动的温度和施加的振动时间的长短等工艺参数，可在一定范围内调控影响合金的凝固过程，获得相应的微观组织，获得较低的电阻率的材料。与未施加超声波处理的普通铸造样品对比，电阻率降低可达12.95%。

3.1.5 合金的电化学特性研究

3.1.5.1 试样的极化曲线测试

对各样品进行极化曲线测试结果如图3-3所示，由图3-3（a）中可以看到，在采用同样的超声波施振时间而处理的温度不同的铅银合金阳极试样，随电压升高均比原始铸造对照样品（未进行超声处理试样）先达到峰值的电流密度。在电流密度为$-0.2A/cm^2$时，其极化电位从低到高分别为2.020V、2.129V、2.139V、2.165V、2.203V和2.310V，对应于1-3号（370℃）、1-4号（385℃）、

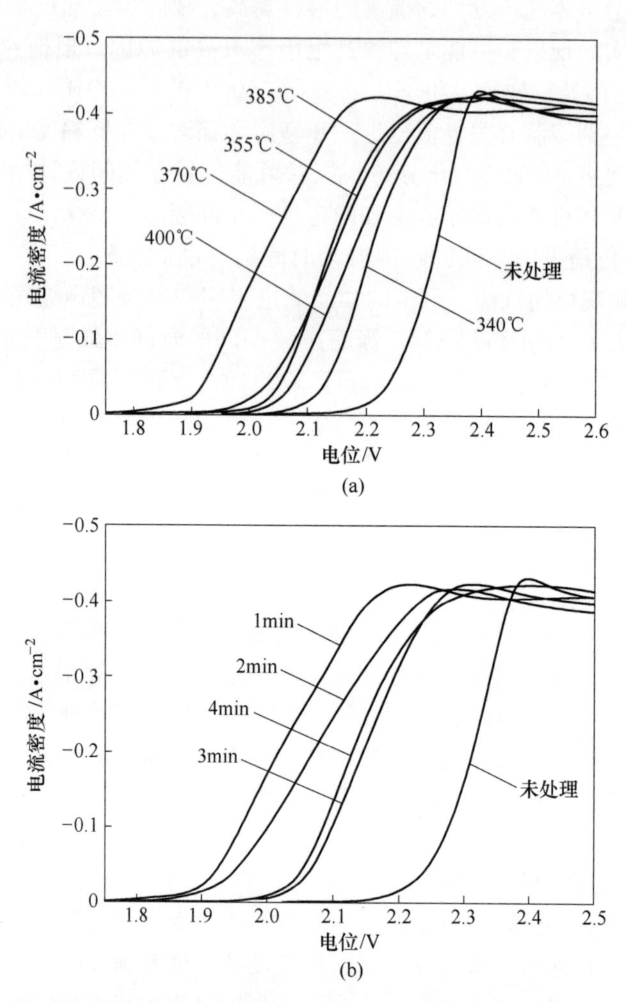

图 3-3　经过超声波处理的铅银合金样品的极化曲线

（a）超声温度与极化电位；（b）超声时间与极化电位

1-2 号（355℃）、1-5 号（400℃）、1-1 号（400℃）和 1-0 号（原始样），由此可见，各个超声处理的试样峰值电位都比原始铸造样品的峰值电位有更多的负移量。一般来说，电极材料的极化电位负移量越大，说明该电极的电化学催化活性越强，正常工作时的槽电压就会降低，也就是具有可以节省电能消耗的效果；当极化电位是 2. 15V 时，经过超声波处理的试样比原始铸造样品的电流密度有较大的差异。一般来说，同样情况下极化电流的密度越大，则表明该电极极化电阻越小，其导电性也更好。这一结果说明经过对超声波的工作温度和时间长度的控制来改变铅银合金熔体的电化学性能的方法是有效的。同时采用不同的温度处理熔体，铅银合金的电化学性能会受到比较大的影响。

从图 3-3（b）可知道，不同的超声波施振时间这一工作参数也会对铅银合金的电化学性能产生影响，获得的样品的极化电位随着超声波施振时间的延长先降低然后转而升高，其中的 1-3 号试样的电化学性能最好（熔体温度在 370℃时施加超声波振动时长 1min）。图中显示在电流密度达到-0. 2A/cm^{2}时，与 1-0 号样品（未超声处理）相比，1-3 号电极样品的极化电位负移 290mV 左右。据文献报道，电极的极化电位每下降 100mV 时，该电极的催化活性可提高约十倍[2]。电极电位在 2. 20V 时，1-3 号样品的电流密度达到 0. 421A/cm^2，约为未处理样品的 32. 38 倍；由电极反应过程的电化学动力学知识[3]我们知道，电极的极化曲线反映的实际上是电化学反应速度与电极电位间的关系，当电极的极化电流密度越大，该电极反应相应的电极电位也就越低，这意味着该电化学反应更易进行，即该电极材料的电化学催化活性提高了。

另外，在极化曲线扫描过程中，当扫描的电位快接近终止电位的时候，合金熔体温度 370℃进行超声振动保持时长 1min 的合金实验试样（1-3 号）同时还表现出其维钝电压 E 最先靠近零电势的趋势，表明所得到的铅银合金电极的抗腐蚀性最佳，且析氧电位较低。与未经过超声处理的铸造样品比较，其极化电位降低了 12. 55%。

3. 1. 5. 2 槽电压实验

经 48h 的电解锌模拟生产过程的试验，测得了各个样品作为电解阳极工作时的槽电压值，测量结果如图 3-4 所示。由图中容易看到，超声波处理后的铅银合金各样品其所对应电解槽的槽电压和与没有超声波处理的铸造样品相比较有不同

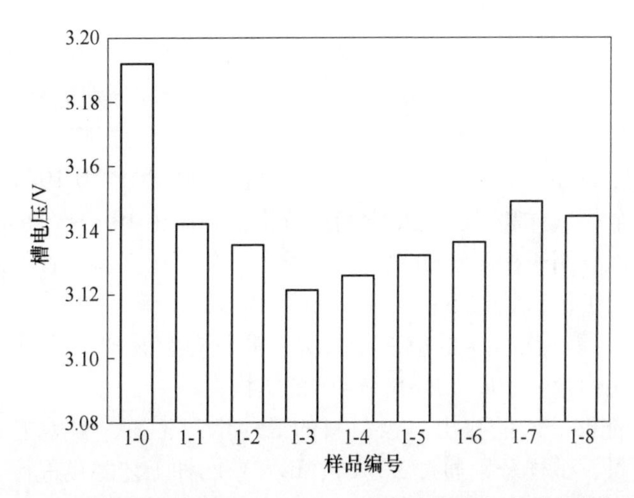

图 3-4 多种工艺处理的 Pb-0. 5%Ag 合金阳极电解实验的槽电压

程度降低，这足以说明超声波处理的铅银合金阳极能够达到节能的目的。此外如果我们把样品的电导率数据和槽电压数据放在一起比较，还可以发现样品的槽电压的变化趋势和电阻率的变化倾向很相似，显然电极导电性能的变化可以反映到合金电极电解时的槽电压。在实际电解锌过程中，阳极板的极化电位要占到槽电压相当多的部分，因此槽电压会受到极化电位的影响。总的来说，阳极板的槽电压高低可以综合反映出合金阳极的电阻率与电极电位的高低，合金电极的电导率和阳极极化电位的降低直接导致槽电压的下降，由此可以实现节约电能总消耗，降低生产过程的成本，从而提高生产过程的经济效益。所以如果采用合适的超声波处理工艺对合金阳极进行处理，完全可能得到在生产过程中能够降低电解槽的槽电压且同时其电化学的性能也优异的节能高效的低银铅合金阳极。

经过对各组样品的金相组织的分析，结合电导率测量结果和电化学测量，上电解槽进行模拟生产过程的电解实验，我们发现，在合金凝固前阶段使用超声波处理的各样品的电导率、极化电位、槽电压均获得改善。其中，在合金熔体温度为 370℃，超声波振动 1min 条件下就可以得到具有低极化电位、高电导率和低槽电压的合金电极样品，其槽电压在实验条件下可达到 2.08%的下降幅度，证明超声波处理对于合金电极的综合电化学性能的提高一般均是有益的。

3.2 等通道角挤压法（EACP）制备铅银合金电极

3.2.1 制备过程

首先将 Pb-0.5%Ag 合金放置在井式电阻炉中进行加热，逐渐升温至 400℃，保温直至合金液进入完全熔融状态，扒渣并浇注到准备好的模具得到多个棒状样品。模具的尺寸是 10mm×10mm×180mm，随后使用 AG-100kN 型立式电子万能实验机，在室温下将凝固的合金坯料棒裁剪成尺寸为 10mm×10mm×60mm 的试样，试样采用图 1-6 所示的 A、B_A、B_C和 C 四种通道路径，分别进行等通道角挤压，根据设计的实验方案分别进行 1~8 道次挤压过程。然后把挤压后试样置于箱式炉内 120℃保温 1h 退火，然后随炉冷却。最后切割成尺寸为 10mm×10mm×5mm 试样用于制备金相试样和进行电化学测试分析，并使用 10mm×10mm×50mm 试样进行电阻测试以及用于槽电压的测量。等通道转角挤压实验装置如图 3-3 所示。

实验装置的工艺参数如下：

（1）为了获得一次挤压的应变量最大，并且更容易的获得均匀的等轴晶粒组织，实验选用内角 $\phi=90°$，外角 $\psi=0°$的结构；

（2）为了能够准确的找出电极材料的最佳生产工艺，实验把工艺路径和挤压道次作为变量，试样分别通过 A、B_A、B_C、C 四种工艺路径进行 2 次、4 次、6 次、8 次等通道转角挤压，此外实验还设置一个未挤压试样作为对比样；

（3）挤压速度对其应力分布和晶粒尺寸影响不大，可取常规值 6mm/min；

（4）挤压温度越高越容易引起铅合金晶粒的长大，对细化不利，铅合金塑性较好，一般速率均不会引起试样断裂，即挤压温度取常温即可；

（5）对铅合金采用120℃保温时间1h的退火处理，主要目的是消除大塑性变形过程在材料内部产生的大量晶格畸变和位错堆积，提高微观组织的稳定性，改善合金的电导率，使获得的晶粒组织可以维持在比较稳定状态；

（6）为减小试样与挤压模具内壁之间的摩擦，以保证挤压顺利进行，实验采用二氧化钼和机油混合物作为通道的润滑剂。

试样编号如表3-4所示，2-0号样品为普通浇铸空冷后退火所得作为对照的基本标准试样。

表3-4 等通道转角挤压方案

样品编号	工艺标号	挤压道次	退火温度/℃	退火时间/min
2-0	无	无	120	60
2-1	A	6	120	60
2-2	B_A	6	120	60
2-3	B_C	6	120	60
2-4	C	6	120	60
2-5	C	2	120	60
2-6	C	4	120	60
2-7	C	8	120	60

3.2.2 显微组织观察与分析

图3-5是各种通道加工路径处理的合金样品及作为对照的铅银合金铸造样品的显微组织结果。

其中，图3-5（a）为120℃退火1h的未挤压样品，其退火态组织的晶粒形态呈等轴晶状态，其平均晶粒直径约30μm。而图3-5（b）~图3-5（e）则分别是采用不同路径，经过6道次挤压的样品的金相显微观测照片，可以看到因为不同的挤压路径挤压的样品进行二次挤压时随后采用的样品旋转方向不同，在材料内部产生的剪切滑移面不一样，因此最终材料内部的微观组织形态和晶粒形状也

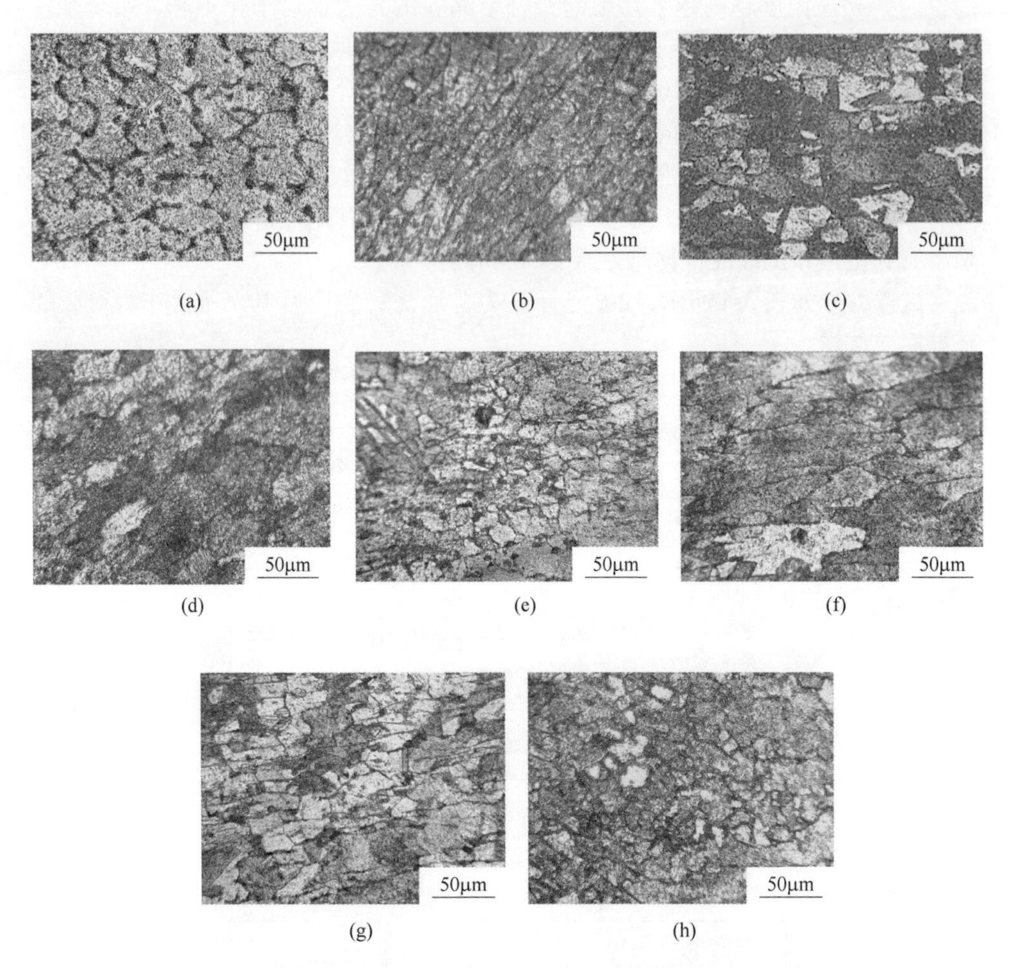

图 3-5　经不同挤压方式处理后的 Pb-0.5%Ag 合金金相图（200×）
（a）2-0 号；（b）2-1 号；（c）2-2 号；（d）2-3 号；
（e）2-4 号；（f）2-5 号；（g）2-6 号；（h）2-7 号

会各有差异，因此其所具有的变形特征也不同。

挤压路径对合金组织的影响主要是挤压后旋转角度不同。例如图 3-5（b）样品采用的是 A 路径通道挤压过程，其所使用的方法是经每道次挤压以后并样品保持原方向不旋转，继续在同一方向施加弯曲挤压的剪切力作用，所以该样品在同一个方向上受到的剪切变形量很大，易使晶粒呈现层片状，所以非常容易获得具有层片状晶粒特征的微观组织分布结构。

而图 3-5（c）和图 3-5（d）分别采用路径 B_A 和路径 B_C 挤压方式。路径 B_A 特点是经过每道次挤压以后样品进行左右 90°交替旋转，由于材料内部受到的是前后剪切面相互垂直的剪切作用，所以获得纤维状的组织结构；B_C路径则是在同一方向连续进行90°旋转后挤压，与B_A路径类似，材料内部受到的也是前后剪切面相互垂直的剪切作用，不过方向不同，所以也是容易获得纤维状的组织结构。图3-5（e）则是C路径挤压。在经过每道次的挤压后样品旋转180°，其材料内发生剪切的方向在两道次间发生更迭，所以此种路径容易获得的晶粒一般呈现等轴晶状。

等通道角挤压方法会在材料内部产生大量的剪切变形和引起大量位错聚集和层错滑移的扩展以及应变作用，造成大量非稳定的和亚稳定的细小晶粒及高能大角度晶界。在挤压后若经过退火过程可以部分消除内应力，减少位错量，向亚稳态和稳态的粗晶粒转化，所以组织形状会根据退火条件的不同而有改变。

ECAP方法的累积等效总应变量ε_N的计算如式（3-3）[4]

$$\varepsilon_N = N\left[\frac{2\cot\left(\frac{\phi}{2}+\frac{\varphi}{2}\right)}{\sqrt{3}} + \frac{\varphi\cos\left(\frac{\phi}{2}+\frac{\varphi}{2}\right)}{\sqrt{3}}\right] \tag{3-3}$$

式中　ε_N——累积等效总应变量；

N——挤压道次；

ϕ——内交角；

φ——外接弧角。

由式（3-3）可知，等效总应变量ε_N的大小取决于挤压次数N、内交角ϕ和外接弧角φ，并可通过其来改变总应变量从而控制晶粒细化的程度。当挤压通道的外接弧角和内交角不变时，挤压过程所累积的等效总的应变量是与挤压道次数直接成正比的，总应变量的大小对合金内部的晶粒组织产生的细化结果各异。

若结合图3-5（e）~（h）进行分析可知，C路径挤压的试样在分别挤压2、4、6及8道次之后，和未经挤压的样品相比较，铅银合金的晶粒可见到发生明显细化，同时还有粗晶与细晶共存的混晶的组织特征，图中可看到样品的显微组织中粗晶的晶粒明显拉长，粗晶间出现很多细小的晶粒。一般来说采用了单道次挤压的样品能达到的总应变量比较小（约为0.68），因而产生晶粒细化的数量是有限的。根据图3-5（f）和（g）则可以看到，挤压道次相对较少的试样的微观组织，因其变形量尚低于临界的变形量，所以不发生再结晶，合金的显微组织仍然处于回复阶段，故晶粒的形状及大小、变形态是相似的，仍然保持着带状显微组织的特征。之后随挤压道次的增加，合金显微组织中的细小晶粒数量骤增，其分布区域也明显增大，材料内的原有的粗晶粒开始逐渐变得细小，粗大晶粒的数量逐渐减少以至消失。由图3-5（e）和（h）则可看到，合金试样经过120℃的退火处理后，其微观的组织已出现再结晶组织，铅银合金的内部显微组织开始从带状晶粒结构渐渐变为等轴晶的结构为主。经过 8 道次挤压后，合金内部的晶粒组织的大小已变得较为均匀。

按国标《金属平均晶粒度测定方法》中截点法的方式对图 3-2 中的平均晶粒直径进行测量尺寸，测量计算的结果如表 3-5 所示。

表 3-5　各挤压工艺过程的试样平均晶粒尺寸

不同通道处理					
处理通道	无	A	B 对 A	B 对 C	C
平均晶粒尺寸/μm	49	23	32	30	15
C 通道不同次数处理					
挤压道次	无	2	4	6	8
平均晶粒尺寸/μm	49	38	26	15	12

3.2.3　合金样品导电性能的分析

表 3-6 为挤压通道工艺下制备的 Pb-0.5%Ag 合金的电阻率数据，各通道工艺与电阻率间的对应关系如图 3-6（a）和图 3-6（b）所示。

表 3-6　铅银合金阳极的电阻率测试结果

不同通道路径处理的电阻率					
通道	无	A	B 对 A	B 对 C	C
电阻率/$\mu\Omega \cdot m^{-1}$	3.036	2.714	2.380	2.689	2.047
C 通道不同次数处理样品的电阻率					
挤压道次	无	2	4	6	8
电阻率/$\mu\Omega \cdot m^{-1}$	3.037	2.639	2.295	2.047	2.775

由图 3-6 可以看出：

（1）合金的挤压路径与其电阻率大小未发现有较为明显的对应规律，不过不同的挤压处理的路径对于合金的组织形态及晶粒尺寸却有着不同的影响。C 路径的处理显示利于合金有较小的电阻率数值，由图 3-5（e）可知道，此时对应的

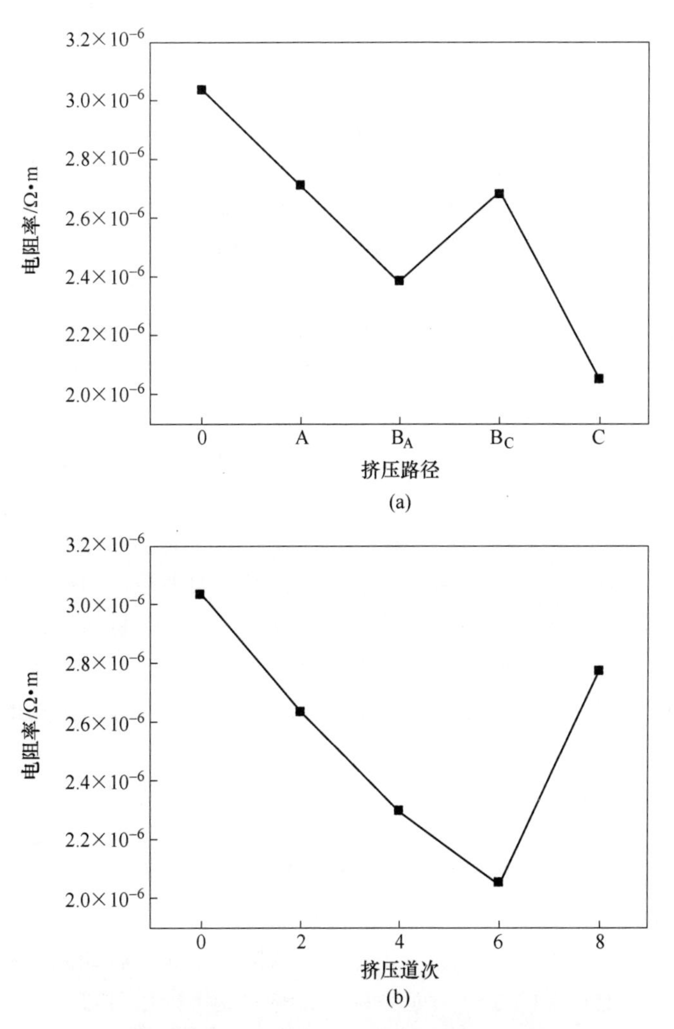

图 3-6 挤压通道工艺与样品电阻率关系

（a）挤压路径与电阻率；（b）C 路径挤压次数与电阻率

合金的显微组织是细小而均匀分布的等轴晶。

（2）未经通道挤压的原始铸造样品的电阻率最高，可能是因浇铸组织存在较多孔洞、裂隙等缺陷以及晶粒较为粗大和不均匀引起的。此种情况下，其有效的导电横截面比较小。

（3）合金的电阻率公式（3-4）[5]：

$$\rho = \rho_0 + \Delta\rho_{\text{固溶}} + \Delta\rho_{\text{析出}} + \Delta\rho_{\text{空位}} + \Delta\rho_{\text{位错}} + \Delta\rho_{\text{晶界}} \tag{3-4}$$

可能影响铅银合金电极的电阻率主要因素有材料内部的各种空穴、位错及晶粒边界等因素会导致其电阻率的改变。铅银合金的试样经过 2 道次的等通道角挤压处理后，其电阻率的下降比较快，这可能是材料内部发生剪切变形的初期，与铸造样品相比，材料内部的空洞和间隙等疏松因为挤压过程而减少，组织变得更加紧密；同时变形初期的晶粒破碎一般发生于尺寸较大的晶粒上，大晶粒的破碎使得整体的晶粒组织开始变得细小且均匀，这些情况的发生都会导致材料的电导率上升；因为均匀和较少缺陷的金属显微组织结构对于电子的传输是有利的，可以减少电子传播过程的阻力，提高电子运动的平均自由程，从而提升电导率，降低材料的电阻。

再经 4~6 道次等通道角挤压处理的样品，其测得的电阻率仍继续下降，而到 8 道次挤压处理的样品的电阻率则又有所恢复和升高。在多道次挤压过程中，随着大晶粒的破碎，晶体内的位错会累积和扩展到晶界处。继续的剪切应变会使有较多缺陷的初始大晶粒沿着晶内的位错和层错而破裂为多个小晶粒。通常较小的晶粒内也包含较少的空位、位错及各种层错等缺陷。挤压道次的增加，会首先使得较多缺陷的大晶粒破裂为缺陷较少的小晶粒，因为小的晶粒在材料应变过程中也承受较少的应力，这样的话应变量和应力的增加将使得内部有缺陷的晶粒越来越少，晶粒也越来越小，而且粒径变得比较平均。此时材料内部将主要由很少缺陷的小晶粒构成，而且此时小晶粒边界上的应力和应变都不太大，这一般是材料导电性能最好的一种微观组织结构，所以经 4~6 次挤压的样品的电阻率会变得更低。

如果对材料继续施加应力和应变，此时材料内部晶粒大小已经都比较均匀，则受力也比较平均，有缺陷的晶粒也已经很少，不再会出现由少数大晶粒集中承受材料整体的应力和应变的情况。此时材料所承受的应力和应变将平均分布在各个晶粒上，各晶粒将随外界应力和应变的增加而平均受力，一致开始变形。此时因为小晶粒表面或者说其晶界上是非完美的结构，也即是有缺陷的结构，晶界将首先被压紧和发生较多的变形，而晶粒内部的形变将会相对较小。不规则外形的晶粒将首先承受比较大的应力和发生较大的应变，使其突出部位首先断裂和破碎。经过这样一个阶段之后，各晶粒的外部形状也将趋于一致而接近圆形。而材料内部的平均晶粒尺寸也会变得更加细小致密和均匀。这时材料的导电性会变得更好，因为微观结构变得很均匀和紧密。晶粒和晶界都达到可以承受同等应力和应变的等强状态。

实践证明，多晶体强度是随其晶粒的细化而提高的。众所周知，多晶体屈服强度 σ_s 与其平均晶粒直径 d 的关系可以用著名的 Hall-Petch 公式表示：

$$\sigma_s = \sigma_0 + Kd^{-1/2}\sigma \qquad (3\text{-}5)$$

式中　σ_0——反映晶内对变形的阻力，相当于单晶屈服强度；

K——反映晶界对变形的影响，其与特定的晶界结构有关。

实验表明 Hall-Petch 公式适用甚广。一般室温使用的材料都希望获得细小而均匀的晶粒。细小的晶粒可以使材料拥有较高的强度、硬度，也具有良好的塑性和韧性，即具有良好的综合力学性能。但是当材料工作于 0.5T_m（熔点）时，因为此时原子活动能力增大，原子沿着晶界的扩散速率加快，使得在此温度下的晶界具有粘滞性的特点。晶界对于变形的阻力大为减少，在施加很小的应力情况下，只要作用时间够长，就会发生晶粒沿晶界相对滑移，成为多晶体的主要的变形方式之一。在此温度下的细晶粒的多晶体还会有一种与空位扩散有关的叫做扩散性蠕变的变形机制。由此多晶体材料内存在有一个“等强温度T_E”，低于此温度时，晶界强度高于晶粒内部，高于此温度，则晶界强度弱于晶粒内强度。

对于铅合金来说，铅的熔点为 327℃（600K），则其等强温度 T_E约为 300K（27℃）。银元素的添加使得共晶成分的铅银合金熔点下降，约为 304℃。我们使用的 Pb-0.5%Ag 铅银合金属于亚共晶铅银合金，但含量较接近 2.5%的共晶成分。熔点比共晶成分略高，其等强温度略高。所以室温下工作的铅容易发生蠕变的原因即在于此。而银的添加一定程度上提高了铅合金的屈服强度，也减少了铅合金的蠕变。因为 Ag 在铅中的溶解度很小，一般只有 0.01%，所以室温下铅银合金材料中的银通常以单质形式析出在铅的晶界上。而银的熔点较高，在 1000℃以上，所以晶界上银的存在可以提高晶界的强度，也可以防止铅银合金的蠕变现象的发生，还提高了铅银合金的强度。当然银的良好的导电性也大大地提升了铅银合金的导电性能。

下面我们来解释为何经过 8 道次的挤压合金的导电性开始下降。银在铅中的分布，一种是形成共晶成分，一种是局部偏析，以单晶形式在铅的晶界上析出。根据铅银合金的相图，400℃以上的液态铅合金中，0.5%的银是可以完全均匀溶解于铅液中的。凝固后铅若全部以铅银共晶形式存在（共晶成分约 2.5%），则 Pb-0.5%Ag 合金中约有占合金总 20%的铅银共晶合金，其余部分为纯铅的晶粒（0.01%的固溶度所需银可忽略不计）。假设材料内部成分是均匀的，则 20%的共晶成分分布在纯铅的晶粒之间。共晶成分的形态是一小段铅包覆着一小段银的纤维（因为铅银共晶成分中银的含量只有 2.5%，不可能是层片状结构的共晶形态），该共晶成分的强度和导电性显然超过纯铅晶粒结构。如果发生偏析时则银就会以单质形式出现在晶界上，此时铅银合金的晶界的强度和导电性同等情况下都要好于纯铅的单晶晶粒。

当对铅银合金施加剪切应力和应变时，由于银的存在将首先导致纯铅的晶粒破碎，而晶界没有变化。这时材料内部的大部分晶粒显然会发生较快的破碎和细化，以及原来较少缺陷的晶粒内部也发生较大的畸变。这时候电子在其中的迁移必然受到较多的阻碍，引起更多的电子散射效应，大大降低电子的平均自由程，因而材料的电阻率开始上升[6]。

（4）实验结果表明合金阳极在经过6道次挤压处理后，获得的样品的电阻率最低，与对照的铸造样品相比降低约32.6%。

3.2.4　电化学性能分析

3.2.4.1　极化曲线

图3-7（a）所示为不同路径均采用6道次挤压处理的样品的极化曲线。图3-7（b）所示为采用C路径挤压不同道次的合金样品的极化曲线。与普通铸造样

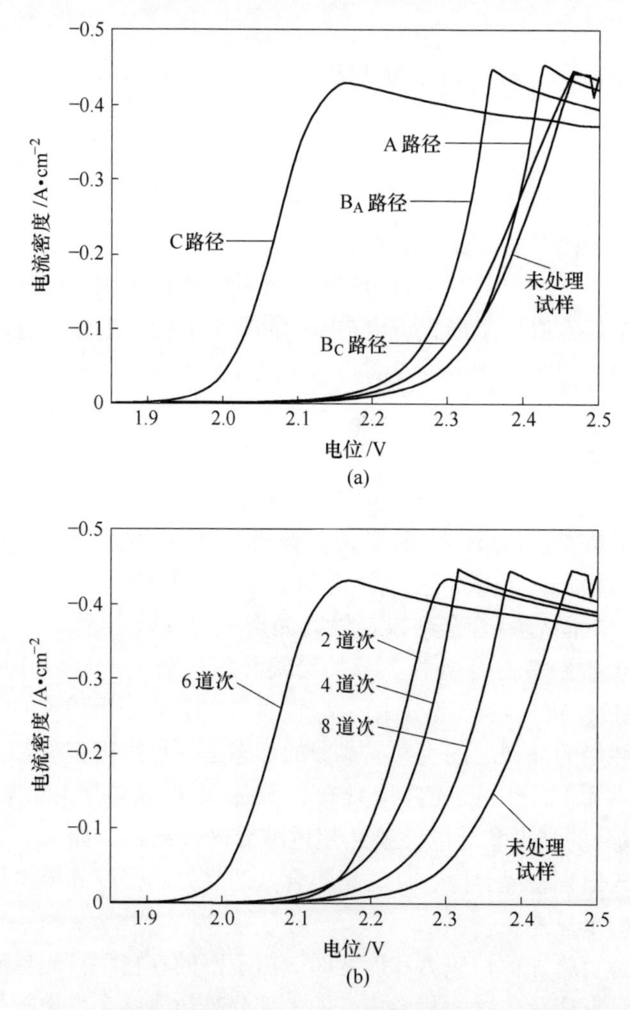

图3-7　采用等通道角挤压工艺处理后的铅银合金极化曲线

（a）不同通道的极化曲线；（b）C通道不同次数处理的极化曲线

品相比，经等通道角挤压的合金试样，其极化电压均有一定的负移量；这可以说明经过了挤压处理的合金阳极其电极反应速率大于未经挤压处理的合金阳极，而且电极反应过程更容易继续；在同样的电流密度之下，合金电极的极化电位较低，也意味着电极反应进行需要的推动力小，其电极的电化学催化活性更高，使用该电极将能够实现节约电能的效果。另外，阳极极化电位的负移说明该合金阳极发生自腐蚀溶解的几率降低，其原因则可能与受到挤压后新的显微组织特征有关。

从图 3-7（a）可看到，极化电位的负移量由大到小，分别是 C、B_A、B_C及 A 路径挤压样品；结合相应样品的金相照片图 3-5（a）~（e）来分析，采用 C 路径挤压工艺制备的合金阳极，其晶粒均匀而细小，且呈等轴晶状，而采用其他路径工艺制备的合金阳极组织则多呈片状或纤维状，其中 2-4 号试样的极化电位的负移量最大，表明具有细小而致密的等轴状晶的合金电极表面可以形成致密的 PbO_2膜层从而有效地阻碍铅基体的腐蚀和进入溶液，而减少合金阳极极化电位，提高电极耐蚀性。图 3-7（b）中显示了挤压的道次对合金阳极的电化学性能影响，结合合金阳极的电阻率数据分析发现，铅银阳极的催化活性和其导电性变化具有相似规律，阳极电化学催化活性提高可能与电极导电性能的改善有关。与铸造对照样品相比，挤压工艺获得的合金样品的极化电位最多的降低了 12.43%。

3.2.4.2 槽电压测试

在电解锌生产过程中，阳极板析氧过电位可以占到槽电压的约 1/3。能够降低阳极的析氧过电位就可以显著减少电解池压降。所以析氧过电位越低，槽电压就会比较低，单位能耗则可以随之而降低。因此铅银合金经等径通道角挤压处理后能较大地改善其电化学特性。槽电压的测试结果显示在图 3-8 中，可以看出，经过了等通道角挤压处理的合金样品对应的槽电压实验数据都低于作为对照的普通铸造样品，说明可以实现单位产品的节能和降耗。在同样的电解条件下，采用了 6 道次挤压的合金试样的电流效率与其他道次相比是最高的，约为 80.88%。和普通铸造试样的对比可看出，等通道角挤压处理对于合金电极的电流效率提高作用较显著。其相对能耗下降有的达到 28.8%，根据这一结果是可以实现电极的节能降耗目标的。

上述实验结果表明，对含银 0.5%的铅银合金经过 C 路径等径通道角挤压处理样品在经过了 6 道次挤压过后获得的合金阳极是各个样品中具有最佳电化学性能的合金阳极样品。

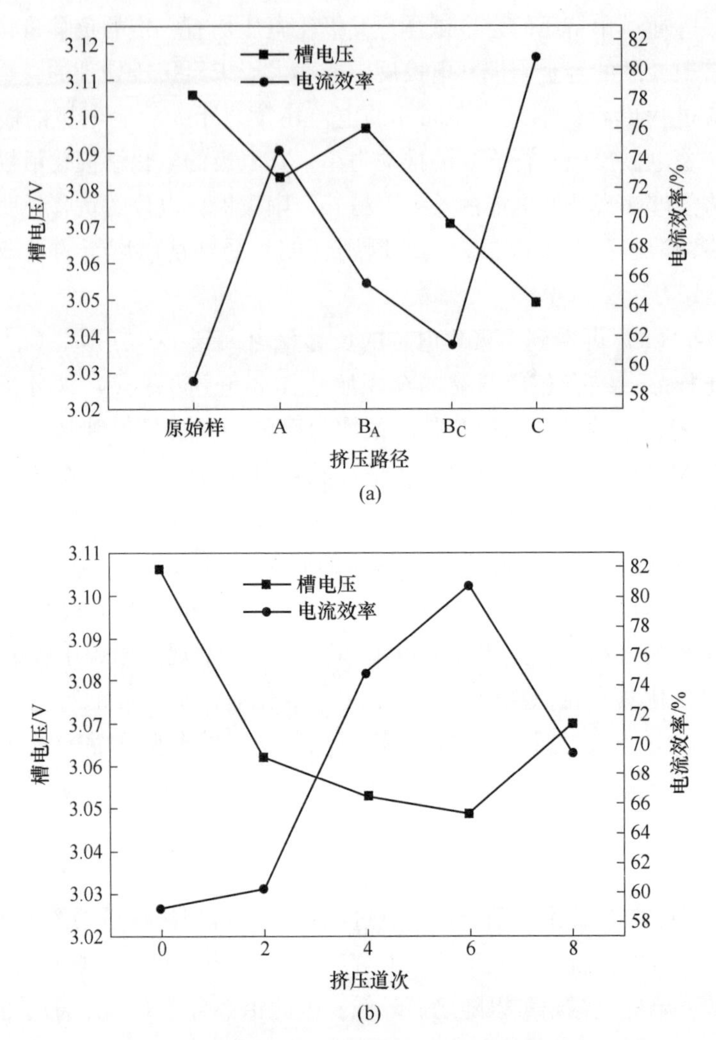

图 3-8　各挤压路径与槽电压、电流效率的关系

(a) 不同路径处理的样品的槽电压对照；

(b) C 通道不同次数挤压处理样品的槽电压

3.3　室温轧制和低温轧制制备铅银合金阳极

实验及样品制备过程：分别采用室温轧制方法和低温轧制方法获得两批 4 个系列的合金样品。每种轧制处理过程中，分别以轧制下压量及退火温度为实验因素，制备 Pb-0.5%Ag 的合金阳极样品。

首先将准备好的铅银合金样品置于电阻加热炉内的坩埚中加热至 400℃熔化，然后扒渣，浇注到事先准备好的模具内，待其冷却后脱模，截取大小为

50mm×50mm 的两组共 16 个试样。随后取 5 个试样，其中一个作非轧制参比试样，编号 3-1。其余 2、3、4、5 号样品在室温下用轧机分别以压下量 20%，40%，60%，80%对 4 个试样分别进行轧制，之后均经 120℃退火 60min。另外 5、6、7 三个样品均采用 60%压下量轧制，然后分别经 100℃、140℃和 160℃下退火 60min。常温轧制样品编号为：3-1 号（0%-120℃）、3-2 号（20%-120℃）、3-3 号（40%-120℃）、3-4 号（60%-120℃）、3-5 号（80%-120℃）、3-6 号（60%-100℃）、3-7 号（60%-140℃）、3-8 号（60%-160℃）。

另一组浸入 77K 的液氮中深冷，即持续浸泡 10min 以上，然后在轧机旁就近依次取出快速进行轧制，1、2、3、4、5 号试样分别以 0%，20%，40%，60%和 80%的压下量在轧制完成以后，再将试样装入电阻炉均以 160℃退火 60min。另外 6、7、8 三个试样均分别以 120℃、140℃及 180℃进行 60min 退火处理。低温轧制样品编号为：4-1 号（0%-160℃）、4-2 号（20%-160℃）、4-3 号（40%-160℃）、4-4 号（60%-160℃）、4-5 号（80%-160℃）、4-6 号（20%-120℃）、4-7 号（20%-140℃）、4-8 号（20%-180℃）。

各样品系列分别剪取大小为 10mm×50mm 的做其界面能电阻率的测试，10mm×10mm 封装制成电极装入电化学工作站进行电化学极化曲线测试，30mm×50mm 大小的制成电极装入电解槽模拟电解过程进行槽电压的测试。

铅的再结晶温度计算：一般金属的再结晶温度计算的经验公式是 $T_r=(0.35\sim0.6)T_m$，其中 T_m 为金属的熔点，以热力学温标表示。通常系数取 0.4。

纯铅的熔点是 327.502℃，由此我们计算的纯铅的再结晶温度为 $T_r=0.4\times(327.502+273.15)=240.26K$，约为−33℃。由此我们知道纯铅的再结晶温度是远低于室温的。通常金属的纯度越高，再结晶温度越低。因为再结晶过程的动力来自金属受到塑性变形后引起的向晶界上集聚的位错，也就是来自较高的晶界能的释放。所以如果金属中含有较多的杂质原子或第二相，就会对晶界的迁移和扩张或新晶粒的形成造成大的阻碍，从而提高再结晶过程的难度，导致再结晶温度的升高。一般少量杂质原子就足以引起再结晶温度的较高提升。含有 0.5%Ag 的铅银合金中银的存在对铅银合金的再结晶过程有着较大的提升，但是该含量的铅银合金的再结晶温度并未有相关资料可供借鉴，所以室温下的铅银合金的轧制过程究竟是冷轧还是热轧，都要以其再结晶温度来确定。

0.5%银含量的铅银合金属于亚共晶合金，根据铅银合金相图其熔点应在 327.5~304℃之间。为了估算其再结晶温度的上限，我们取 327.5℃当作合金熔点，然后根据再结晶温度公式，取较大的系数 0.6 来计算可得到该成分的铅银合金的再结晶温度上限约为 87℃左右。所以要保证实现铅银合金的再结晶过程，采用的退火温度应当不低于 87℃。我们选取 100~200℃之间的几个退火温度点作为其性能调控的参数选择方案。

为了保证低温轧制是在合金的再结晶温度以下，则选取了将样品浸泡在液氮中 10min 以上来尽量满足“冷加工”的条件以与室温下的轧制相区别，从而考察冷热加工后的铅银合金的显微组织结构及其他性能的差异。

由于铅合金再结晶的温度低于室温，一般理解上按轧制的温度来区分，所以室温轧制通常认为是热轧，而液氮温度为 77K 远远低于铅银合金的再结晶温度，接近此温度的加工一般肯定属于冷轧。

3.3.1　显微组织研究

图 3-9、图 3-10 分别是采用常温轧制和低温轧制获得的铅银合金样品的显微组织图。我们采用国标晶粒度评级方法对各图片中的平均晶粒度等级进行了估算，结果记录于表 3-7 和表 3-8。

由显微组织图片我们可以看到，与常温轧制方法相比，低温轧制方法的工作温度远低于铅银合金的再结晶温度，也远低于合金的等强温度（即晶内强度和晶界强度相等的温度，约为 1/2 熔点，即 27℃左右）。在等强温度以上加工，材料内的晶粒强度弱于晶界或相似于晶界，晶粒内的原子由于具有比较高的熵值而变得容易迁移和向晶界滑动，材料内的应力和应变会较多地施加在晶粒上引起晶粒的变形，而随着时间的延长晶粒会沿着晶界进行滑移，材料开始出现较大的蠕变和极其缓慢的“流动”现象。这也是铅合金易发生蠕变的根本原因。当我们采用低温冷轧时可以避免这样的情况出现，此时晶内强度高于晶界区，轧制引起的变形主要集中在晶界区上，导致晶界上积累更多的缺陷和应变，此时晶界上具有更高的晶界能。这种高的晶界能正是材料发生再结晶过程的巨大动力。并且使得形状不规则的晶粒周围受到更大的挤压和扭转等应力，内部有较多缺陷的晶粒就会在再结晶阶段分裂破碎，而成为高能晶界。新的形核区扩展形成新晶粒的场所，此时施加较小的塑性变形就可以在相对低的温度开始再结晶过程。更高的温度反而可能变成了再结晶晶粒长大的条件。所以低温轧制可能比常温轧制需要更小的变形量就可以达到同样的再结晶效果，或只需要较低的退火温度，就可以获得合金的再结晶组织。抑制晶粒过度长大，有效地控制晶粒尺寸，利于获得更细小和均匀的显微组织结构。

通过对比图 3-9 和图 3-10 的显微组织可以发现，采用轧制处理方法对合金的晶粒细化效果显著，也可以一定程度促进合金组织的均匀化。在相同的退火温度，随压下量增大，合金平均晶粒尺寸逐渐减小，粗大晶粒被破碎为较小的晶粒，并出现较多的等轴状晶粒，如图 3-9（d）和（e）所示。与常温轧制方法不同的是，因液氮温度相当低，在液氮中浸泡时，铅银合金的体积和密度也会有一定的收缩，强度会提高，材料内部也会出现应力。在较低退火温度材料处于回复阶段，所以维持着纤维状的组织结构如图 3-10（b）~（e）所示。随退火温度进一步提高，室温下轧制样品内晶粒开始再结晶，高能晶界率先形核的少数晶粒可以快速长大，开始吞噬周围生长较慢的积累了较多应变的晶粒，在最后形成粗大的晶粒，表现出晶粒的长大如图 3-9（f）～（h）所示。对于低温轧制的样品来说，冷轧样品的晶粒处于回复期，随温度提升，有较多缺陷且在应力下破碎的晶粒内的高能晶界区容易形成新的再结晶核心，较低温度退火过程的冷轧晶粒处于回复的后期（或者是再结晶的初期），随退火温度升高，合金样品内开始出现了再结晶的现象，因而呈现的组织形态中，其晶粒组织呈较多的等轴晶状。

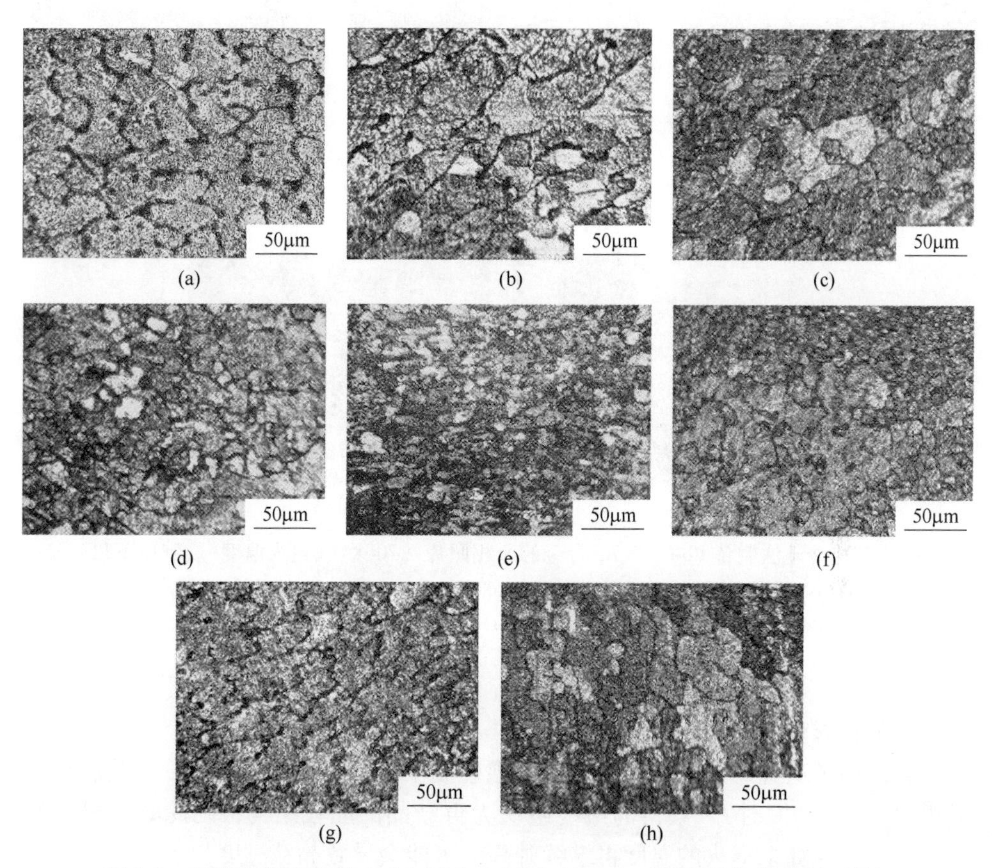

图 3-9 室温轧制后的 Pb-0.5%Ag 合金相图（200×）（退火温度-轧制压下量）
（a）3-1 号（120℃-0%）；（b）3-2 号（120℃-20%）；（c）3-3 号（120℃-40%）；
（d）3-4 号（120℃-60%）；（e）3-5 号（120℃-80%）；（f）3-6 号（100℃-60%）；
（g）3-7 号（140℃-60%）；（h）3-8 号（160℃-60%）

可见，适当的再结晶退火温度的选择对显微组织中的晶粒细化作用是十分重要的。当退火温度比较低的时候，此时合金的组织因轧制产生大量塑性变形，常呈现纤维状的组织。纤维状组织往往使电极的力学性能呈各向异性，从而对其强

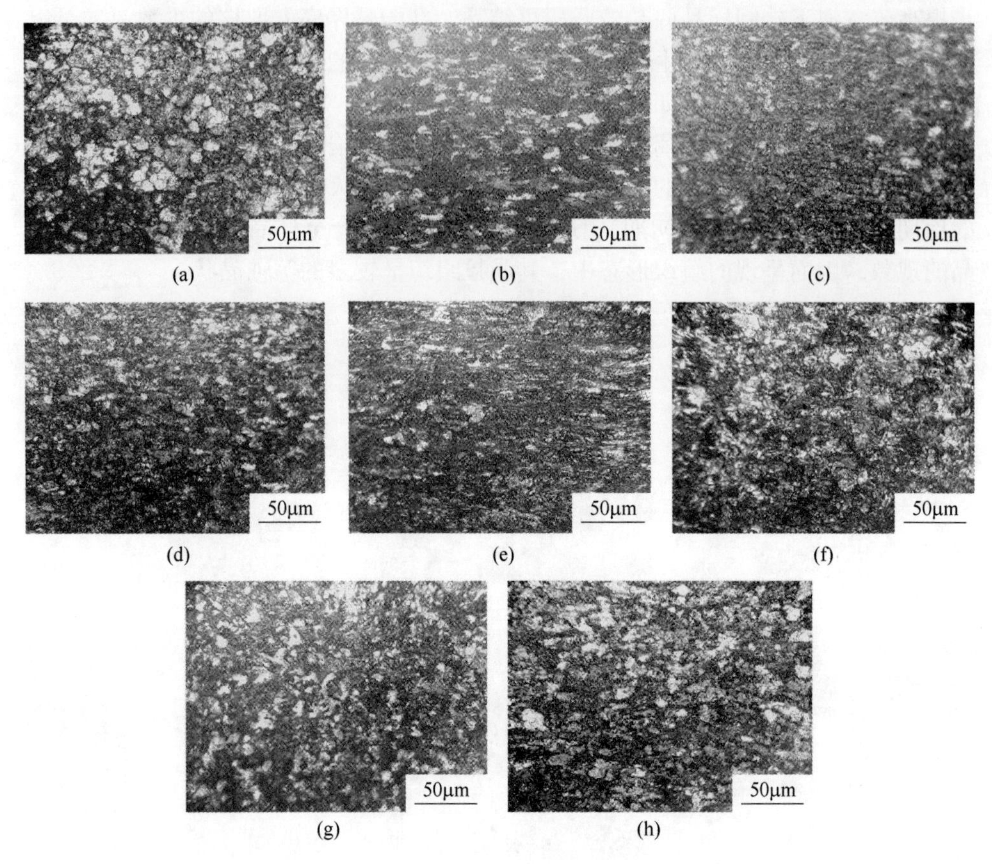

(a)　(b)　(c)　(d)　(e)　(f)　(g)　(h)

图3-10　冷轧法制备Pb-0.5%Ag合金的金相照片（200×）（退火温度-轧制压下量）
（a）4-1号（160℃-0%）；（b）4-2号（160℃-20%）；（c）4-3号（160℃-40%）；
（d）4-4号（160℃-60%）；（e）4-5号（160℃-80%）；（f）4-6号（120℃-20%）；
（g）4-7号（140℃-20%）；（h）4-8号（180℃-20%）

度产生不利影响。

若采用了适宜的退火温度（比如常温轧制下的退火温度在120℃及低温轧制退火温度在160℃时），获得的最终组织为再结晶的晶粒结构，则此时的材料性能表现最好。如果退火的温度再继续升高则可能会导致晶粒过度长大。

另外，我们还发现了轧制过程和退火处理也是相互制约和影响的，其两个阶段的工艺参数的搭配对于调整和控制铅银合金内的微观晶粒组织的尺寸和形态分布是相当重要的。只有这两阶段的工艺参数搭配适当，才有可能获得较为细小而均匀的等轴晶形态的微观组织，单一处理都难以保证这一结果，否则可能就会使晶粒发生长大或得到的是纤维状的组织形态而影响合金最终的综合性能。

采用常温轧制处理和低温轧制处理的合金样品的平均晶粒尺寸如表3-7、表3-8所示。

表3-7 常温轧制的合金试样平均晶粒尺寸

样品编号	3-1	3-2	3-3	3-4	3-5	3-6	3-7	3-8
退火温度/℃	120	120	120	120	120	100	140	160
压下量/%	无	20	40	60	80	60	60	60
晶粒尺寸/μm	48	37	28	21	16	26	33	40

表3-8 低温轧制合金样品的平均晶粒尺寸

样品编号	4-1	4-2	4-3	4-4	4-5	4-6	4-7	4-8
退火温度/℃	160	160	160	160	160	120	140	180
压下量/%	无	20	40	60	80	20	20	20
晶粒尺寸/μm	17	10	7	5	2	8	9	13

3.3.2 电阻率测试与分析

表3-9和表3-10分别是常温轧制和低温轧制方法制备的铅银合金电极的电阻率测量结果。轧制压下量、退火温度与电阻率关系如图3-11（a）、（b）所示。

表3-9 常温轧制铅银合金电阻率测试

样品编号	3-1	3-2	3-3	3-4	3-5	3-6	3-7	3-8
退火温度/℃	120	120	120	120	120	100	140	160
压下量/%	无	20	40	60	80	60	60	60
电阻率 /μΩ·m	2.971	1.835	2.0187	2.132	3.877	2.287	2.021	1.955

表 3-10　低温轧制处理的铅银合金电阻率

样品编号	4-1	4-2	4-3	4-4	4-5	4-6	4-7	4-8
退火温度/℃	160	160	160	160	160	120	140	180
压下量/%	无	20	40	60	80	20	20	20
电阻率 /μΩ · m	2. 302	1. 342	1. 781	2. 602	4. 733	1. 409	1. 313	1. 304

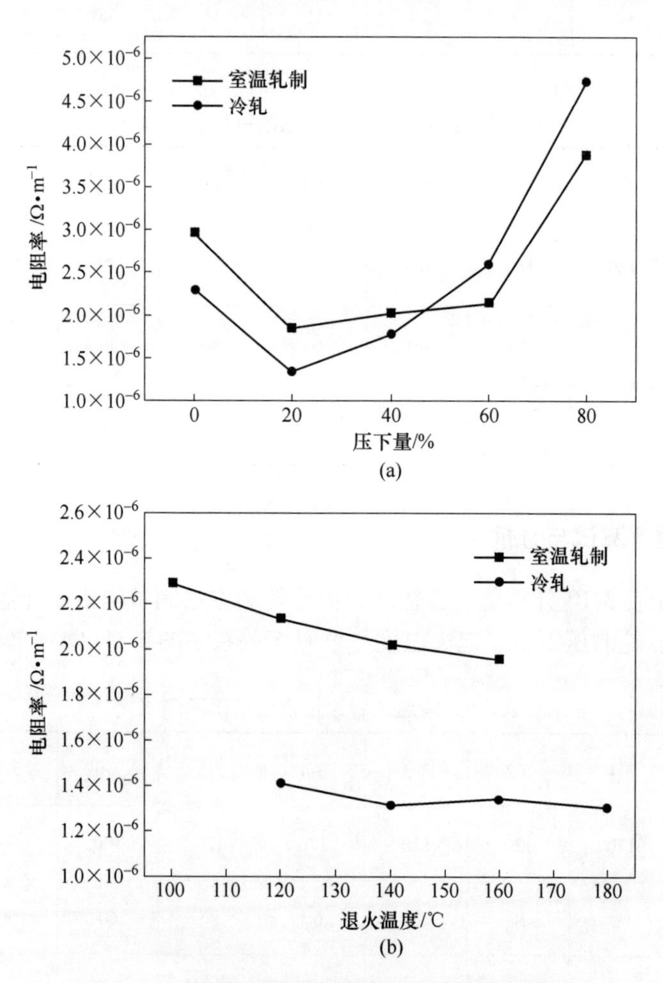

图 3-11　电阻率与轧制压下量、退火温度关系图

（a）不同压下量样品电阻率；（b）退火温度与电阻率

图 3-11（a）为压下量与电阻率关系，图中反映出采用低温轧制比常温轧制得到的合金样品的电阻率均要低，可能是低温轧制处理的晶粒更为细小均匀，缺陷更少，因为电阻率受到材料内部各种缺陷的影响更大。另外，两个系列的合金样品不同压下量之间的电阻率变化的趋势也很相似，这也许是同样的轧制过程对材料内部显微结构的影响和演变具有同样机理的缘故。当压下量增大，合金样品的电阻率都有一个拐点，到达拐点后，压下量再继续增大时合金的电阻率开始随压下量进一步增大而提高。对于未轧制的对照样品来说，通常铸造试样内往往会存在较多的疏松和孔洞、缝隙等现象，这些缺陷的存在会降低材料的平均有效导电的横截面积，也会增加电子的散射作用，从而增大电阻率。特别是 Ag 元素若存在偏析现象（铸造样品中非常常见），也会导致合金电阻率值较大。一般轧制过程中随压下量增加，试样中大量的孔隙会发生闭合，大的塑性变形也会使材料内部的应力应变重新分布，促进成分和应力的重新分布，使试样致密程度提高，也可以促进 Ag 元素的重新扩散和分布，因而降低材料的电阻率。随轧制压下量继续增加，试样内位错会发生大量增殖、扩展和集聚。位错的大量存在也是影响合金电阻率的重要因素，因此，进一步的塑性变形会降低材料导电性，导致电阻率上升。此外，选用的退火温度间隔如果不太大，对于材料电阻率影响可能就没有那么明显。图 3-11 中显示随退火温度升高合金电阻率有逐渐减小的趋势。图 3-11（b）较为明显地表现出低温轧制方法对于材料导电性的显著促进。电阻率降低可能因退火处理材料内发生再结晶过程，再结晶消除了大量塑性变形后晶粒内的位错，降低了材料内的变形与缺陷数量，随退火温度提高，该作用的效果也更明显而降低了合金的电阻率。低温轧制法制备的合金电极与常温轧制方法相比，电阻率最小的样品电阻率只有常温轧制样品中最小电阻率值的 73.2%；而与对照的铸造样品相比，低温轧制和常温轧制处理的合金样品的电阻率则最大各减低 41.7%及 38.2%，说明轧制及退火处理有效地提高了铅银合金的电导率，其中低温轧制方法效果更明显。

3.3.3 电化学性能测试与分析

3.3.3.1 极化曲线测试

因为退火的温度区间相对较小，采用了不同的退火温度的样品测定的极化曲线差异较小也为发现相对的规律性，故以下仅讨论轧制压下量与铅银合金的极化曲线间的关系。图 3-12 分别为常温轧制和低温轧制方法制备的铅银合金电极的极化曲线。

由图 3-12 可知，轧制处理采用不同的压下量测得的极化曲线变化很明显，而且经过轧制处理样品的电化学性能均优于对照的未轧制铸造试样。此外，采用了不同轧制工艺的样品的极化曲线中的最优轧制压下量也有区别，这可能是因低

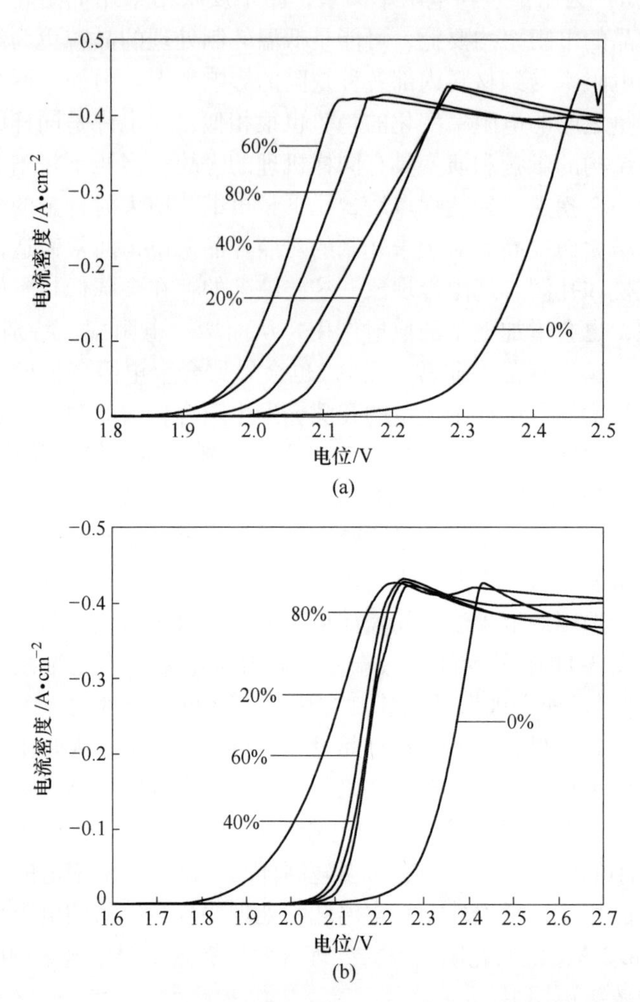

图 3-12　等通道转角挤压处理后 Pb-Ag 合金的极化曲线

（a）常温轧制；（b）低温轧制

温轧制法可以更有效地细化晶粒组织，以小的压下量就可以使晶粒重构为细小晶粒分布的组织，再结晶的细小的平均晶粒度将会有比较少的晶界缺陷从而改进合金电极的导电性；在常温轧制处理或需更大的压下量引起的塑性变形的再结晶过程才可能更有效减少材料内的疏松多孔缺陷，以获导电性更好的均匀和致密的显微组织。

将图 3-12（a）与（b）进行比较可看出，低温轧制合金样品比常温轧制方法的电化学极化曲线的负移量更大，而且大多数样品的析氧过电位也比常温轧制样品更低。其中低温轧制样品中的 4-2 号（160℃-20%）试样的析氧电位是最低的，其在 1.70V 时曲线就进入钝化区，而常温轧制方法样品最低的 3-4 号（120℃-60%）到 1.80V 才开始转入钝化，表明低温轧制获得的阳极析氧能力较强。实际电解生产过程中，电解槽的槽电压通常和金属阳极的析氧过电位是成正比的，槽电压大小又直接关乎能耗水平，所以降低阳极的析氧电位可以有效降低生产过程的电能消耗。这说明，采用常温和低温两种轧制方法的轧制工艺都可明显提高合金阳极的电化学特性，具有节能降耗的效果。

3.3.3.2 槽电压测试与分析

将常温轧制 1 号到 8 号样品以及低温轧制的 1 号到 8 号样品装入准备好的电解槽，模拟生产过程进行槽电压测试的结果，并进行绘图和综合对比分析。图 3-13 是常温轧制和室温轧制的所有样品的槽电压对照。

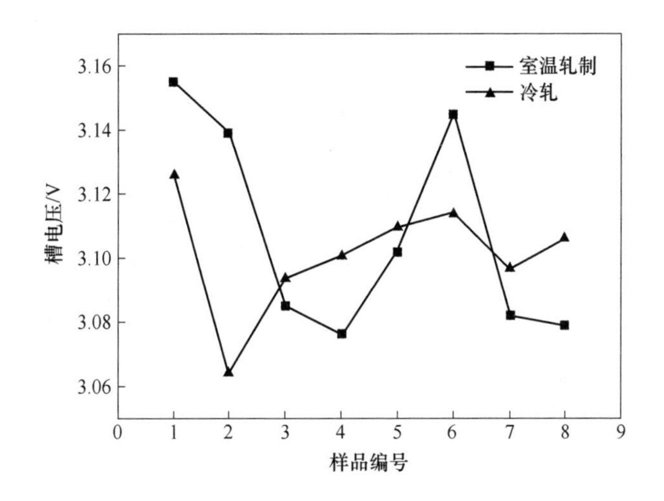

图 3-13 常温与低温两种轧制工艺的铅银合金阳极槽电压对照

由图 3-13 可见，采用低温轧制得到的合金阳极的槽电压总体低于常温轧制样品，说明低温轧制方法应当会有更好的节能降耗的效果。此外，还可观察到两种轧制方法得到的样品的最低槽电压的轧制压下量并不相同。

图 3-13-1 是常温轧制样品两个系列参数的对照图，3-13-1（a）是不同退火温度样品的槽电压对比，图 3-13-1（b）则是不同轧制压下量的对比。

图 3-13-2 是低温轧制样品两个系列的对照图，图 3-13-2（a）是不同退火温度对比，图 3-13-2（b）则是不同轧制压下量样品的对照。

在采用低温轧制的系列样品中，压下量 20%就已经达到最低槽电压的水平，以后随着压下量的增加，槽电压反而开始上升。而采用常温轧制样品的最低槽电压样品的压下量却是 60%的合金样品（见图 3-13-1（b）和图 3-13-2（b））。

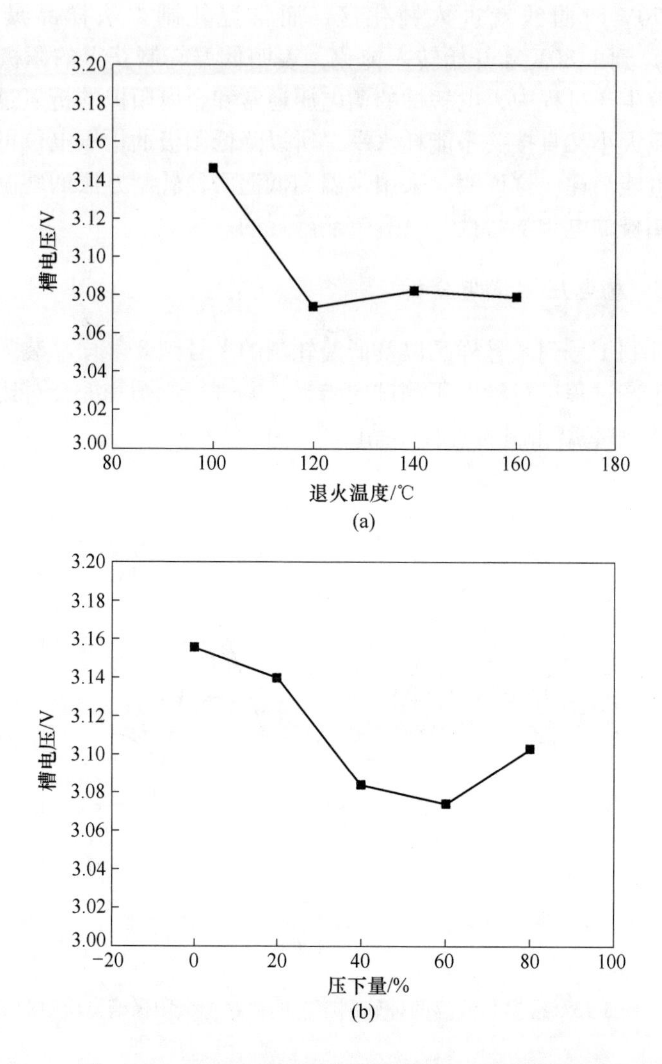

图 3-13-1　常温下槽电压与退火温度、轧制压下量

（a）槽电压与退火温度；（b）槽电压与轧制压下量

低温冷轧法槽电压最低值是压下量 20%的样品，而常温轧制的则是 60%压下量的样品。这可能与不同温度下合金内部的显微组织状况有关。随着退火温度的升高，槽电压普遍有降低趋势，这可能与合金组织相关。由于适宜的轧制和退火处理可以使得合金组织致密细小，则将电极放入配置的硫酸锌溶液中，致密的合金组织可加速电极内部电子的传输速率，晶粒细小会导致电极表面积增大，从而导致电极的电化学性能提高，进而降低槽电压，节约能耗，提高经济效益。

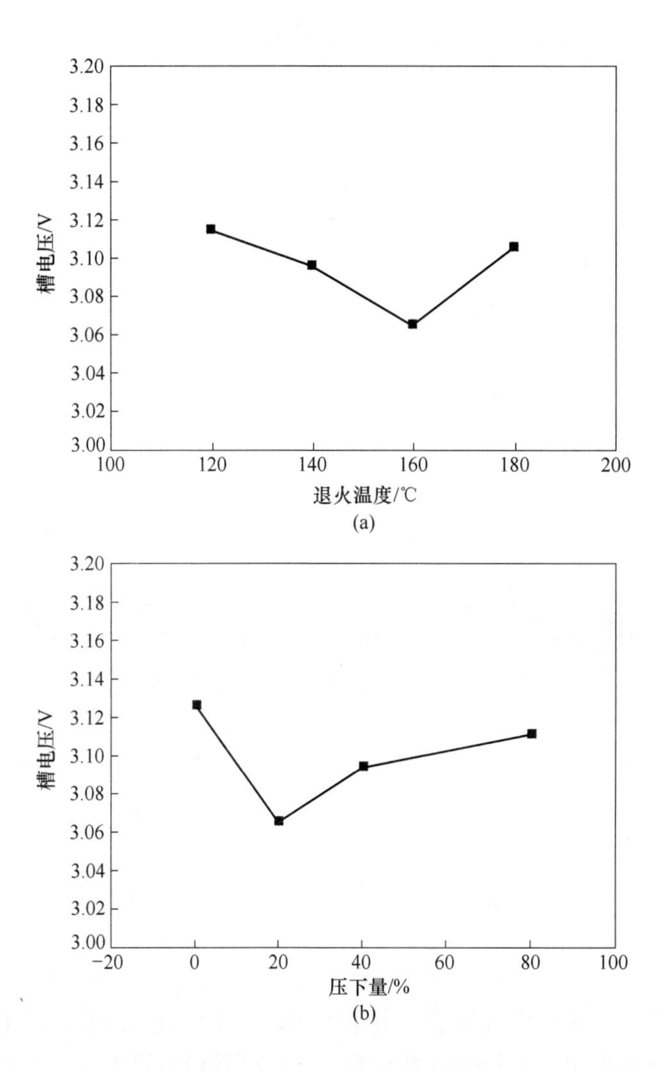

图 3-13-2　低温下槽电压与退火温度、轧制压下量

（a）槽电压与退火温度；（b）槽电压与轧制压下量

根据以上分析和比较，常温轧制和低温轧制法都可以有效地抑制晶粒的长大，最终获得细小和均匀分布的铅银合金显微组织，提升合金阳极的电化学特性。适当的晶粒尺寸与组织结构的调控是电极综合电化学性能调整的有效手段，可以为制备节能高效的新型铅银合金阳极提供新的途径。并得出在现有的系列实验状况下的最佳常温轧制的最好工艺参数为：压下量 60%，120℃退火时间 60min；低温轧制最佳工艺参数为：压下量 20%，160℃退火时间 1h。

3.4　超声波加轧制法制备铅银合金阳极

根据前面的研究，以下将把两个阶段的晶粒细化处理技术结合起来以探究它们的联合作用是否能带来更好的晶粒细化效果和材料性能。采用前述超声波凝固工艺中的在合金熔体处于370℃时施加超声振动1min方法来合成所有的铅银合金样品，然后分别对各样品进行室温轧制技术处理，然后测得其微观组织和结构，并进行相应的导电性、极化电位、槽电压等测试，以此来探索合金组织及晶粒度的综合调控方法，以下为各项测试和分析结果。

3.4.1　显微组织观测

图3-14（a）~（e）显微金相组织分别是未轧制和轧制压下量为20%、40%、60%、80%的系列样品，目的是观察压下量与微观组织的关系。均采用相同的退火温度对试样进行处理，其中未轧制试样的晶粒是粗晶与细晶的混合组织。在压下量为20%时，合金内晶粒有明显细化，并且呈细小的均匀的等轴晶状。随着压下量的继续增大，部分样品的晶粒反而呈增大趋势，也并未呈现纤维状组织结构。或许可能因铅银合金试样经超声波处理后显微组织已经细化，再继续轧制变形，材料内的不均匀区很少，晶粒内部的缺陷也比较少，各细小的晶粒受力比较平均，晶体上施加的应变大量作用于晶界，使得晶界上具有较高的能量而变得不稳定。在轧制过程中晶粒发生旋转从而在退火过程中容易发生再结晶而长大。再结晶过程的动力通常来自过剩的晶界能。由于晶界中储存了较高的能量，再结晶核心扩张和长大速度也较快，能够在适当退火温度下和较短的孕育期内，完成再结晶过程，随退火时间增加，实现部分晶粒长大。

图3-14（b）和（f）~（h）则是其他处理条件相同而采用了不同退火温度的样品的显微组织。对于铅银合金进行特定温度的再结晶退火也可实现细化晶粒的目的。因为再结晶过程中发生显微组织的重构和晶粒长大过程，随着退火温度的升高，材料内的细小的晶粒会逐渐长大。在再结晶退火过程中，材料内部大量形变能得以释放，在材料内产生大量新的形核中心，这些形核中心蓄积了一定的结晶形核能量，它们集中在晶界处开始产生新的晶粒。一般晶核的形成速率$\dot{N}$大于长大速率$\dot{G}$，由再结晶晶粒的平均直径计算公式：

$$d = K(\dot{G}/\dot{N})^{\frac{1}{4}} \tag{3-6}$$

处在退火初始时段，晶粒尚比较细小。随着退火温度增加时，晶核的形成速率$\dot{N}$与长大速率$\dot{G}$均会随温度升高而呈上升趋势，二者激活能比较接近，其比值随温度的变化一般比较小，平均晶粒尺寸随着退火温度的升高有小幅度的增长。

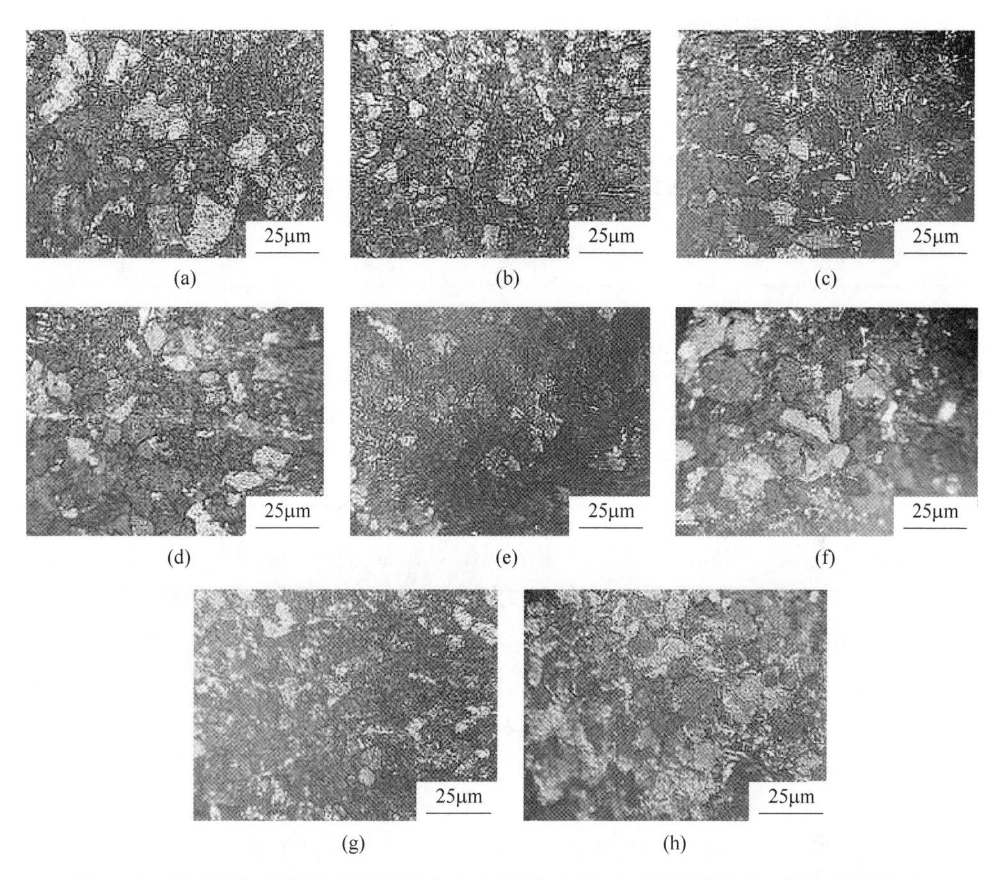

图 3-14 超声波加轧制处理的铅银合金金相图（400×）（退火温度℃-轧制下压量%）
（a）5-1号（140℃-0%）；（b）5-2号（140℃-20%）；（c）5-3号（140℃-40%）；
（d）5-4号（140℃-60%）；（e）5-5号（140℃-80%）；（f）5-6号（None-20%）；
（g）5-7号（120℃-20%）；（h）5-8号（160℃-20%）

采用超声波处理加轧制的铅银合金样品的晶粒平均尺寸统计分析结果见表3-11。

表 3-11 超声波加轧制处理后试样的平均晶粒尺寸

样品编号	5-1	5-2	5-3	5-4	5-5	5-6	5-7	5-8
退火温度/℃	140	140	140	140	140	无	120	160
压下量/%	无	20	40	60	80	20	20	20
晶粒尺寸/μm	21	10	13	15	16	19	11	18

3.4.2　电阻率测试与分析

表3-12中数据为采用超声波凝固加轧制法获得的铅银合金阳极的电阻率测试结果。

表3-12　室温轧制处理后铅银合金阳极电阻率测试计算结果

样品编号	5-1	5-2	5-3	5-4	5-5	5-6	5-7	5-8
退火温度/℃	140	140	140	140	140	无	120	160
压下量/%	无	20	40	60	80	20	20	20
电阻率/μΩ · m	3.015	1.612	2.213	3.613	5.134	1.705	1.632	1.623

图3-15是采用的轧制下压量及退火温度对铅银合金阳极的电阻率间的关系。

根据图3-15我们可以看出，合金试样电阻率有着随下压量增大，先降低后有开始增加的趋势，当采用压下量20%时样品电阻率是其中最小的。另外，根据图中退火温度与电阻率关系，采用的温度变化范围对合金样品的电阻率影响较小。这可能是因为经过超声凝固过程材料内部的组织比较均匀，缺陷较少，而后以20%的轧制下压量进行加工，显微组织中没有太大的应变能，缺乏较大的再结晶动力，因而温度差异不大的退火过程也不会引起显微组织结构的太多变化。一般情况下合金内的显微组织结构与其电阻率有较为密切的关系。

我们可以根据图3-14的金相显微组织来进行进一步的分析：

（1）在合金试样凝固前阶段经过超声波振动处理之后，合金内的晶粒分布比较均匀而其晶粒也比较细小，其中的Ag元素的偏析也有所改善，合金内的缺陷少了，电子的运动受到的散射效应减弱，所以其电阻率也不会变得太大。

（2）可能影响铅银合金电阻率的主要因素一般是空位、位错的存在以及晶界引起散射效应导致电阻率升高。未处理的铸造对比试样中一般会存在较多的疏松，如空洞、缝隙，夹杂和成分偏析的等现象，经凝固阶段前的超声波振动处理引起的声波空化和搅拌作用将大大减少各种缺陷并减少成分偏析，加上轧制处理的力学效应可以进一步消除材料内部的局部应力、疏松等现象，也可以一定程度上改善成分偏析。轧制压下量为20%时，合金内的晶粒经过退火再结晶过程，晶粒会变得细小而均匀，空位和位错密度得到降低，电子迁移的平均散射截面变小，电子的平均自由程增大，因而电阻率会降低，电阻率的平均值约$1.6118\times 10^{-6}\Omega \cdot m$。

（3）随着轧制过程下压量增大，合金内显微组织出现粗晶、细晶混合组织

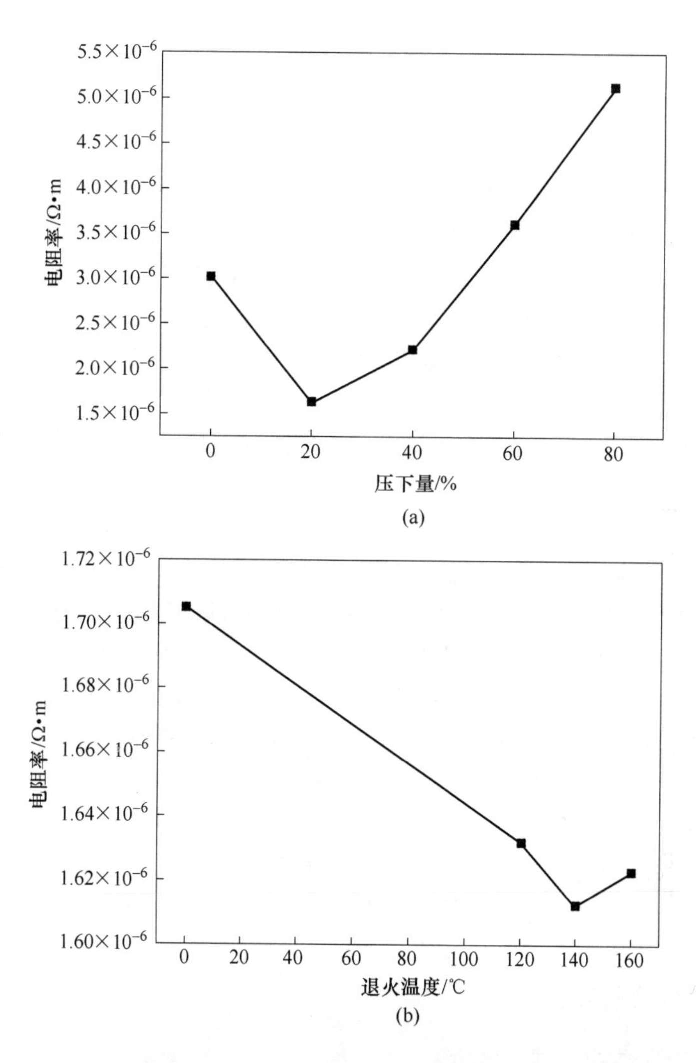

图 3-15 不同轧制下压量和退火温度的铅银合金阳极的电阻率

（a）轧制下压量与电阻率；（b）退火温度与电阻率

形态，部分晶粒开始长大。这可能是由于随轧制过程产生的应力应变的增加，引起部分受到较大应力和应变的晶粒的扭转等运动，增大了相邻晶界区的畸变程度，积累了较高的晶界畸变能量，在退火再结晶过程中形成周围积聚了较高的能量而产生新的晶粒核心而迅速长大导致的结果。由于晶粒大小不均匀，晶界区存在缺陷更多的位错密度较高部分，会导致合金电阻率增大。

（4）金属导体的总电阻经验公式是 Matthiessen 定律（3-7）：

$$\rho = \rho_t + \rho_p + \rho_c \tag{3-7}$$

式中　ρ_t——晶格的热振动而产生的电阻率部分；

ρ_p——晶格的缺陷而产生的电阻率部分；

ρ_c——化学成分不均匀产生的电阻率。

根据公式，金属的电阻主要由两部分构成，一部分是金属离子的热振动引起的，这一项通常与温度变化有关，并且随温度升高而增大。另外一部分是由晶体的缺陷导致的，即由于晶体本身缺陷如空穴和位错等的存在，或者是杂质、间隙原子等化学成分的不均匀性导致。电阻的微观机制则是对于导电的电子的散射引起。晶格热振动引起的电子散射是因为振动导致晶格扭曲破坏了电子在预期路径的传播。晶格本身的缺陷主要有杂质原子、间隙原子、位错和晶界散射导电的电子，其散射电子的原因主要在于这些缺陷周围的静电势与完美晶体的静电势不同。

所以，合金的电阻率主要受到热振动及合金晶体内的缺陷影响。随退火温度升高，晶体中缺陷的密度会降低，与未退火处理合金样品相比，经过 120℃ 与 140℃ 退火样品的电阻率降低。这是因退火降低了缺陷数量和密度，即 ρ_p 减小，在不考虑温度变化情况下 ρ_t 的影响可以不用考虑。电阻率测量的实验结果证明了这一趋势，随退火温度升高，总的电阻率趋势是下降的。退火温度到 160℃ 时的电阻率和比 140℃ 略高，但比 120℃ 和未退火电阻率明显要低。是测量误差还是晶体内显微结构发生略微的某种变化尚不能确定。

（5）和未经轧制处理的合金试样相比，样品的电阻率最多降了 46.66%。

（6）细小而均匀分布的显微组织结构通常具有比较低的电阻率。

适当的晶粒细化和均匀化处理可材料内部的应力和应变比较容易释放和扩展，导电电子的传播路径会变得较少受到异常的散射，从而提高电子的平均自由程而降低材料的电阻率。

3.4.3　电化学性能测试与分析

3.4.3.1　极化曲线测试

动电位极化曲线技术用来评估所研究的铅银合金阳极的在硫酸电解液体系中的腐蚀速率，图 3-16 是采用超声波处理加轧制法制备的铅银阳极在不同轧制下压量的极化曲线。因实验采用的几个退火温度下极化曲线的没有明显差异而难以确定，在此不作讨论。如图 3-16 所示，随着扫描电压的逐渐提升，经轧制处理的铅银合金试样均比未经过轧制的试样先达到其致钝电流密度，其中采用轧制下压量 20% 并经过 140℃ 退火 60min 的试样的极化曲线表现出最好的结果。这应当是在此工艺参数处理的样品微观结构较细小而均匀，因此有较好的耐蚀性能和较高的电化学活性；该试样电阻率也是最低的，其导电性能也比较突出。电化学反应进行过程中，合金阳极的电化学反应速率大部分由所在的电解液体系中的电子交换速率所决定。当电极材料具有比较高的导电特性时，材料内电子的传输障碍较少，电子在阳极内得以较快的速率扩散和迁移，可以使电化学反应速率加快，电化学催化活性提高，极化电位降低；同时细小而均匀的晶粒组织可以形成细小而致密的而且比较薄的表面 β-PbO_2 导电耐蚀膜层，从而既具有良好的导电性有具有更好的耐腐蚀特征。

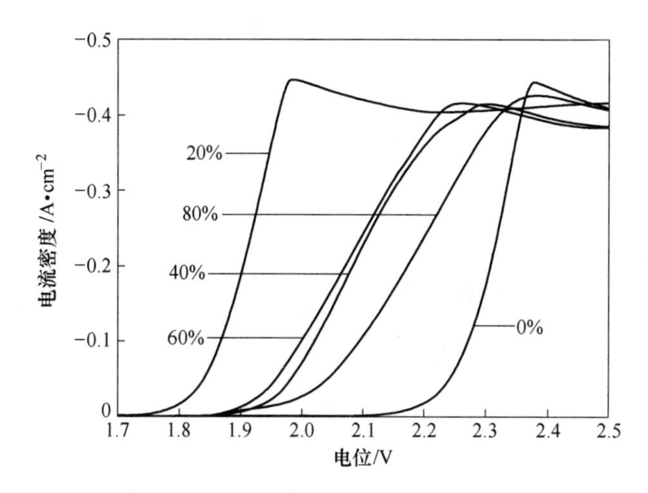

图 3-16 采用超声波加轧制处理的铅银合金阳极的极化曲线

另外，若从显微组织结构上分析，构成材料的平均晶粒尺寸比较小，其微观组织将更均匀而致密。如果发生局部腐蚀，其造成的破坏也比较浅。此外细小且均匀致密的晶粒结构抑制腐蚀不易向深处扩散。电解液只能发生较浅层的腐蚀和氧化，并快速形成新的致密的氧化物膜层，阻挡酸性电解液向电极基体的深层的扩散，防止电极迅速失效。有大块晶粒的组织常发生的沿大晶粒边界迅速向深处扩展，导致前端大块尚未发生腐蚀的晶粒团的附着基体部分整体脱落，在材料表面形成深坑和空洞或深的裂隙，进而导致电极的迅速失效。在电极电位达到氧析出电位时，电极表面会有大量氧气产生，具有细小的显微组织结构的阳极表面电化学活性点的数目也比较多，更容易获得理想的 β-PbO_2膜层，并具有高的电化学催化活性，利于降低电解锌生产过程中的电能消耗，增强电极耐蚀性，延长阳极维护周期和使用寿命，减少电极材料消耗和人工维护的成本，提高电积锌生产过程的生产效率和经济效益。

与未经轧制处理的电极相比较，新的铅银合金阳极的极化电位减低量达到16.47%。这表明，采用了超声波振动加轧制处理的合金阳极可以实现显著的电化学性能的提升，具有节能降耗的效果。

3.4.3.2　槽电压测试分析

将获得的合金样品制作成阳极，放入电解槽进行模拟实际生产过程的槽电压测试。两个系列的测试结果如表 3-13 所示。

表 3-13　槽电压测试结果

样品编号	5-1	5-2	5-3	5-4	5-5	5-6	5-7	5-8
退火温度/℃	140	140	140	140	140	无	120	160
压下量/%	无	20	40	60	80	20	20	20
槽电压/V	3.101	3.012	3.08	3.121	3.145	3.075	3.056	3.065

表 3-14a 列出了都是采用 20%轧制下压量的四个样品在经过不同退火温度或室温未退火测得的槽电压数值。

表 3-14a　退火温度与槽电压

样品编号	5-6	5-7	5-2	5-8
退火温度/℃	无	120	140	160
压下量/%	20	20	20	20
槽电压/V	3.075	3.056	3.012	3.065

表 3-14b 则是均采用了 140℃退火 60min 工艺的样品，其区别是之前的轧制过程采用的压下量不同，分别为 0、20%、40%、60%和 80%的压下量。所有样品轧制前均使用超声干预凝固过程。工艺为 370℃下超声振动 1min。

表 3-14b　轧制压下量与槽电压

样品编号	5-1	5-2	5-3	5-4	5-5
退火温度/℃	140	140	140	140	140
压下量/%	无	20	40	60	80
槽电压/V	3.101	3.012	3.08	3.121	3.145

结果绘成图 3-17（a）、（b），由下图可以看出，经过轧制和退火处理后的铅银合金阳极的槽电压多数与未经处理的对照样品都有下降。其中采用了轧制压下量为 20%和 140℃退火 1h 的试样槽电压最低。而根据图 3-17（a）所示，反映了退火温度对于合金样品的槽电压的影响，采用 120℃、140℃和 160℃三个温度退火 60min 的样品都比未退火样品的槽电压均有降低，说明了采用退火工艺对于降低槽电压的必要性。

此外，对不同压下量的轧制样品来说，采用 20%和 40%压下量的轧制样品的槽电压都比未轧制样品的槽电压降低，随后当压下量增大到 60%和 80%时，槽电压数据依次升高并都超过了未轧制样品。

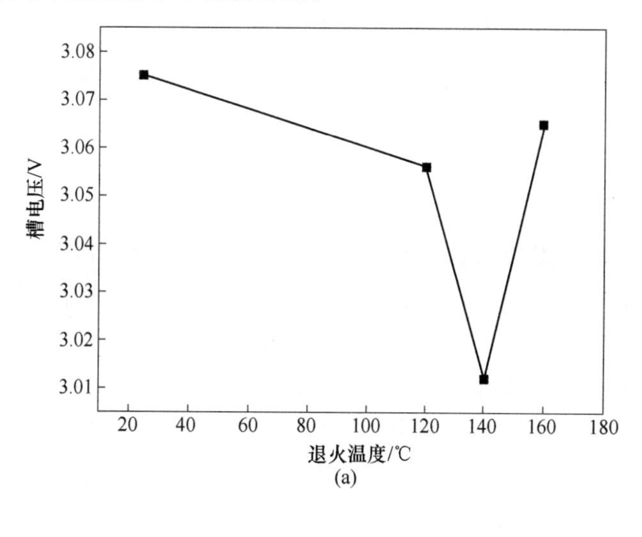

(a)

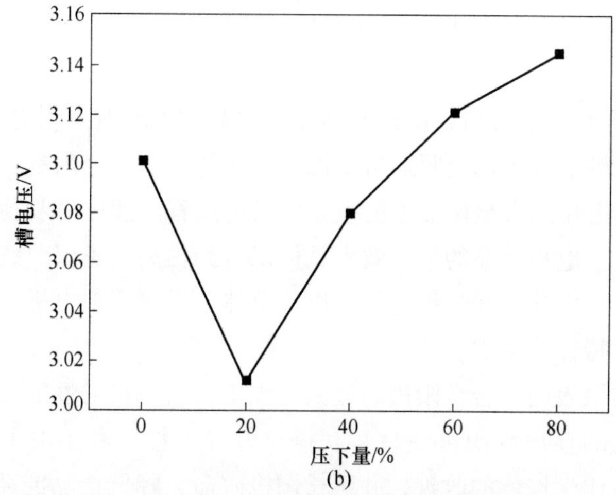

(b)

图 3-17 槽电压与退火温度、轧制压下量

（a）槽电压与退火温度；（b）槽电压与压下量

槽电压与样品的电阻率有关，也与显微结构有关，它反映出材料的极化电位的高低和电极的电化学催化活性的高低。图 3-17 中的变化规律与图 3-15 中的电阻率变化规律有些相似，这可根据由公式（3-8）来解释。

工作过程的电极电势 E 和欧姆降 R 间关系由下式确定：

$$E = a + b\lg D_k + IR \tag{3-8}$$

式中　a——常数；

b——Tafel 斜率；

D_k——平均电流密度；

I——工作电流；

R——由电解液的电阻、$ZnSO_4$分解电压、阳极泥的电阻、引出极接触电阻和阳极体电阻构成的总欧姆降。

降低电极内阻可使电极电位下降，而电极电位的降低可减小电极反应的推动力，电极反应则越容易进行，电流效率就越高，就越节约能耗。

从上式中可知槽电压是由 $a+b\lg D_k$（电解液中的硫酸锌的分解电压）及 IR（电解体系的总电阻 R 在通过电流 I 而产生的压降）构成。硫酸锌的分解电压可以分为理论分解电压与超电压两部分。相对来说，理论分压是稳定的，而其中的超电压部分则主要由阳极析氧反应所引起，所以析氧电位的高低影响着槽电压的高低。这也就是说，槽电压的降低从电极的角度来说有两个来源，一是电极的导电性好了，槽电压会降低；另外，如果电极的电化学催化活性提高了，即电极上的析氧过电位下降了，槽电压也会降低。电极的催化活性与表面形成的氧化膜层的结构类型及特性相关，其形成过程则深受电极金属内部的微观组织结构影响。

此外，根据 IR 项的分析，阳极电阻是电解体系总电阻中影响很大而且最易控制的，因为电解液体系的电阻通常是保持不变的。阳极电阻越小，其导电性越好。具有低析氧电位的合金阳极上的电化学反应过程的速率容易得到提升，电化学反应过程加快，电积产品的生产效率就可以得到提高，不仅节约了能源同时也提高了经济效益。由此可知，槽电压可以从总体上直接反映电极的导电性能和电极的析氧过电位特性的优劣。

以上实验结果表明，合金阳极的显微组织结构与材料的性能之间具有密切联系，细小而均匀的显微组织可使材料获得良好导电性，利于电子在材料内的传输，促进材料电化学性能的改善，并延长阳极寿命，降低产品能耗。所以，采用适当的工艺方案可有效调控微观组织分布与平均晶粒尺寸，提高铅银合金的各项电化学性能指标，同时获得高效率又节能的铅银合金阳极。

3.5 本章小结

采用了5种不同的制备工艺过程，分别对铅银合金进行处理，并进行了相应样品的显微组织结构分析，导电性性能测试，电化学极化曲线测试，以及模拟电解生产实验进行槽电压测量等实验研究。经过适当的工艺参数系列的设计与选择，研究了在相应的工艺参数对材料性能指标的影响，分别获得了5种工艺方法下各自的最优合金样品，并从微观组织结构的角度分别讨论了各个工艺过程的工艺参数引起相应电学特性和电化学特性变化的原因，从而确定了该工艺条件下的最佳工艺参数（超声波、等通道转角挤压、室温轧制、冷轧和超声波+轧制法）：

（1）采用超声波凝固细化晶粒方法的最佳工艺：在370℃的熔体温度下超声振动时长1min；

（2）采用等通道角挤压方法的最佳工艺：每次挤压后进行180°旋转的C路径6个道次挤压；

（3）采用常温轧制的最佳工艺：60%压下量后，120℃退火60min；

（4）采用低温轧制的最佳工艺：20%压下量，160℃退火60min；

（5）采用超声波凝固加轧制的最佳工艺：20%压下量，140℃退火60min。

参 考 文 献

[1] 杨秀琴，竺培显，黄文芳. Ti-Al-Ti层状复合电极材料制备与性能［J］. 材料热处理学报，2010，31（8）：15~19.

[2] 梁镇海，张福元，孙彦平. 耐酸非贵金属 Ti/MO_2 阳极 $SnO_2+Sb_2O_4$ 中间层研究［J］. 稀有金属材料与工程. 2006，35（10）：1605~1609.

[3] Tanaka Y, Kajihara M, Watanabe Y. Growth behavior of compound layers during reactive diffusion between solid Cu and liquid Al［J］. Materials Science and Engineering: A, 2007, 445-446: 355~363.

[4] Iwahashi Y, Wang J, Horita Z, et al. Principle of equal-channel angular pressing for the processing of ultra-fine grained materials［J］. Scripta Materialia, 1996, 35 (2): 143~146.

[5] 周向，尹志民，段佳琦. Al-Zn-Mg-Sc-Zr合金板材制备过程中组织性能的演变［J］. 中南大学学报（自然科学版），2011，42（12）：3680~3685.

[6] 郭磊，易丹青，臧冰. 挤压比对AA8030铝合金棒材组织及电性能的影响［J］. 中国有色金属学报，2013，23（8）：2083~2090.

第4章 各种制备方法的性能分析与工艺优化

4.1 各工艺过程参数和实验样品性能的比较

本章将对前述的5种工艺的实验结果进行综合比较，选出各工艺系列中的最佳样品，并将5种工艺方法测得的最好性能的样品再放在一起进行综合比较，来找到最优工艺过程及其最佳工作参数，各工艺获得的最好样品所测得的性能在表4-1列出。其中性能参数的提升百分比是将该工艺最佳试样和普通铸造的样品作为同一对比的基础和参照。

表4-1 多种制备工艺的参数及性能对比

材料名称	制备工艺	最佳工艺参数	性能
Pb-0.5%Ag合金阳极	超声波细晶	超声功率100W、频率20kHz、施振时间1min、熔体温度370℃	电阻率12.81%↓ 极化电位12.55%↓ 槽电压1.77%↓
	等通道转角挤压	模角$\Phi=90°$、C路径、6道次、退火温度120℃、保温1h	电阻率29.95%↓ 极化电位10.18%↓ 槽电压4.48%↓
	普通轧制	退火温度120℃、退火时间1h、压下量60%	电阻率27.07%↓ 极化电位11.72%↓ 槽电压3.63%↓
	冷轧	压下量20%、退火温度160℃、退火时间1h、液氮浸泡时间10min	电阻率54.09%↓ 极化电位13.52%↓ 槽电压4.02%↓
	超声波及轧制	功率100W、工作频率20kHz、时间1min、熔体温度370℃、压下量20%，退火温度140℃	电阻率44.86%↓ 极化电位18.13%↓ 槽电压4.82%↓

由上表可见，同时采用超声波和轧制法两种工艺的样品的综合性能最好，这说明两种超声和轧制工艺的结合更能显著提高铅银合金阳极导电性及综合电化学性能，具有更好的降低电解锌能耗的效果。另外，采用等通道转角挤压方法可以得到更细化的晶粒和均匀度，但因其工艺方法限制，其制备阳极尺寸受到较大限制，短期内尚难实现工业化应用。采用低温冷轧法样品的各项综合性能除导电性能其他方面没有突出表现，原因或许是由于经过冷轧处理的材料内部处于较高的能量状态，其热稳定性较差，经过退火处理，材料内部是否发生回复再结晶过程而影响阳极部分性能尚待进一步研究确定。

以下对所研究的 5 种工艺做进一步的测试分析和对比研究。

4.2 SEM 形貌分析与比较

图 4-1 为经腐蚀后不同制备工艺的最佳样品扫描电镜照片（等效倍率 1000 倍）。

由图 4-1 可见，铅银合金阳极受到不同程度的腐蚀，采用普通铸造方法的样品的晶粒粗大不均匀，形状也不一，其发生的腐蚀多集中于晶界处，属于晶间腐蚀，其组织较疏松，腐蚀液容易腐蚀合金阳极的基体，由于各个晶粒直径差距较大，所以耐蚀性能也会差异较大，随着时间的延长，合金阳极上发生局部腐蚀几率更大。经过不同工艺的处理后的浇铸试样，作为阳极的耐蚀性随晶粒细化而均有所提升。这是因为细小和致密组织更容易发生均匀腐蚀，从而有效阻滞电解液的深入侵蚀导致的电极失效，这种腐蚀形态危害较小，利于阳极的使用寿命的延长。阳极耐蚀性并非随晶粒平均尺寸减小变小而提升，也存在一个尺寸的界限，如图 4-1（e）其腐蚀状况要比图 4-1（f）更严重。从上图照片中还可以发现，采

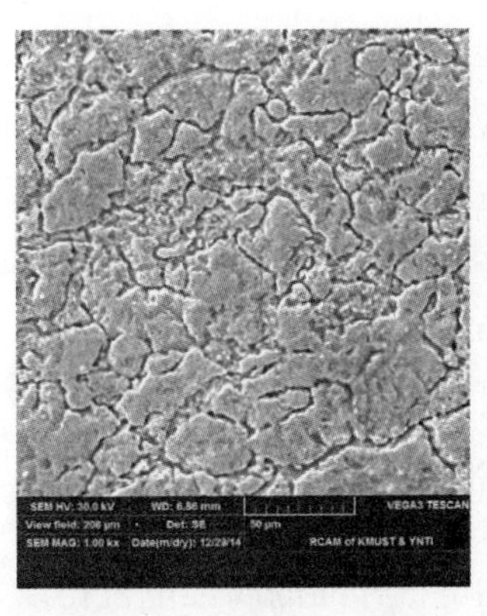

(a)

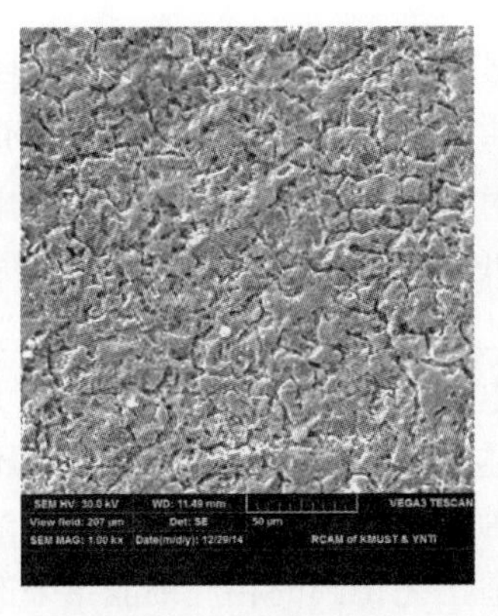

(b)

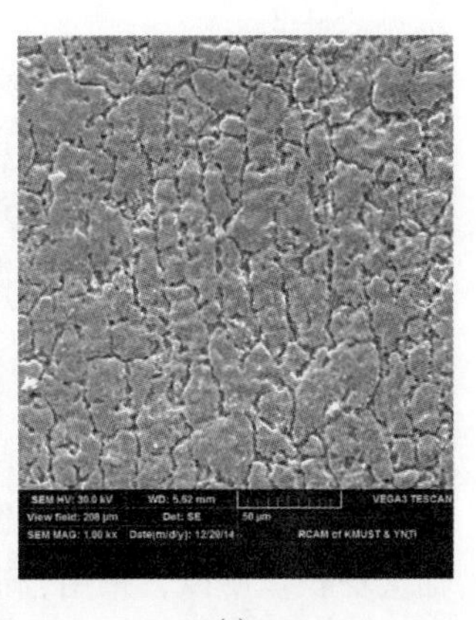

(c)

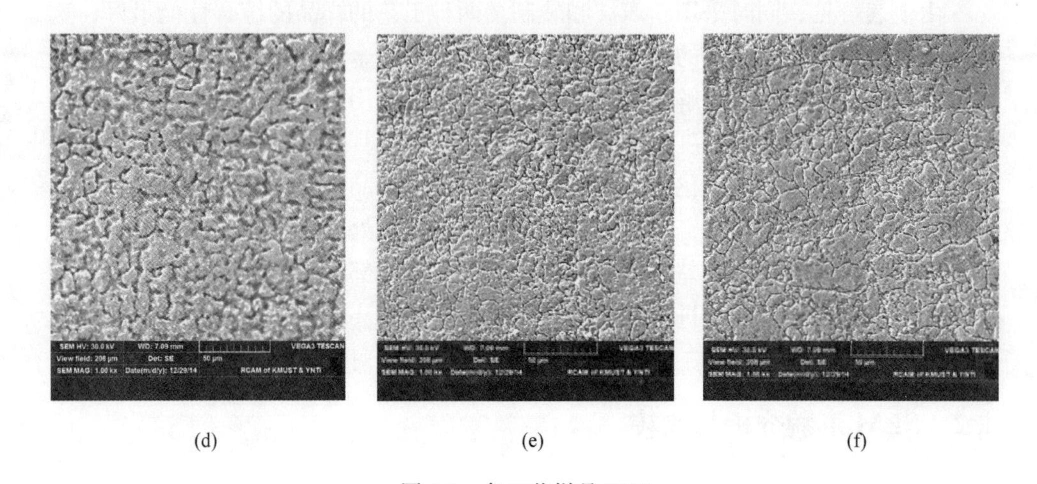

(d)　(e)　(f)

图 4-1　各工艺样品 SEM

（a）铸造样品；（b）超声波法样品；（c）等径通道角挤压样品；（d）常温轧样品；（e）低温轧样品；（f）超声波及轧制样品

用室温轧制方法的 SEM 图片，既存在有晶间腐蚀，也有点状腐蚀。有可能因在常温下的轧制的压下量变形过大，致使合金阳极内发生大的应变和裂隙，或者是 Pb 与 Ag 相接触形成微电池，从而发生了电偶腐蚀。

4.3　Tafel 测试与分析

各工艺条件下表现最好的试样与原始铸造样进行 Tafel 分析测试，测得的曲线如图 4-2 所示。对 Tafel 曲线的强极化区采用 Origin 软件对曲线进行直线拟合的结果，根据切线交点的横纵坐标可计算得合金的电极反应动力学参数，其计算结果见表 4-2。

由图 4-2 可观察到，经各种细晶工艺处理的合金样品比原始铸造样品的电极电位均发生负移，其中超声波加轧制制备的合金样品负移量最大，其析氧电位也最低，表明其在电极反应过程相对更容易析氧气，其电化学催化活性强。这对于降低析氧过电位，从而降低电解过程的总的槽电压，及降低能耗是更有益的。经由表 4-2 中采用不同工艺过程制得的样品的电极动力学参数的对比可知，采用超声波加轧制的样品自腐蚀电位最高，而其自腐蚀电流更低。由电化学腐蚀的动力学相关理论，当腐蚀电位越高说明阳极耐蚀性越好，不容易发生腐蚀。自腐蚀电流则越低越不容易发生腐蚀，小的腐蚀电流表明电极溶解速率低，电极的使用寿命会更长。所以，采用合适工艺得到的相应细晶结果的电极样品的腐蚀电位得以提高，而腐蚀电流则降低，说明合金研究的耐蚀性得到改善，合金作为阳极使用时的工作寿命可以更长。

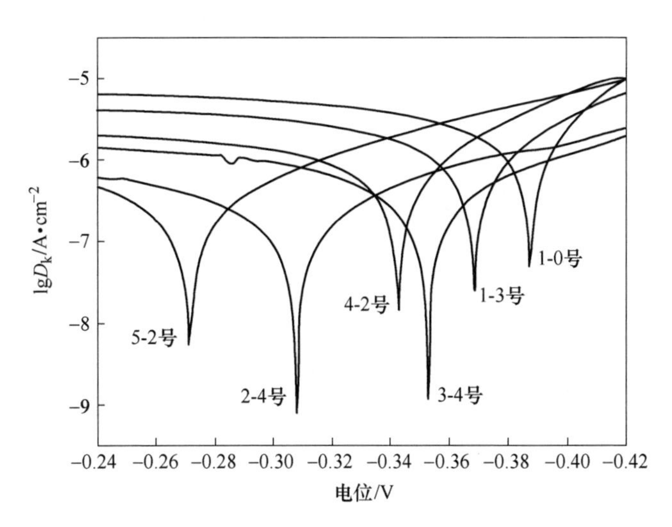

图 4-2 6 种不同工艺方法的合金样品 Tafel 测试曲线

表 4-2 6 种工艺下制得的合金阳极的电化学动力学参数

试样编号	工艺过程	自腐蚀电位 E_{corr}/V	自腐蚀电流 I_{corr}/μA · cm^{-2}
1-0	铸造对照样品	−0.3871	0.84332
1-3	超声波凝固	−0.3690	0.7363
2-4	等通道角挤压	−0.3079	0.0833
3-4	常温轧制	−0.3527	0.0945
4-2	低温轧	−0.3425	0.5095
5-2	超声波加轧制	−0.2716	0.0526

4.4 各工艺路线 η-lg$i$ 图拟合的对比与分析

将电流密度绝对值取自然对数与析氧电位关系用软件 Origin 绘图，并采用直线拟合方法获得各合金阳极 Tafel 拟合公式，对其电极反应动力学过程进行分析讨论。拟合的曲线如图 4-3 所示，拟合得到的 Tafel 公式分别见式（4-1）~式（4-10）。

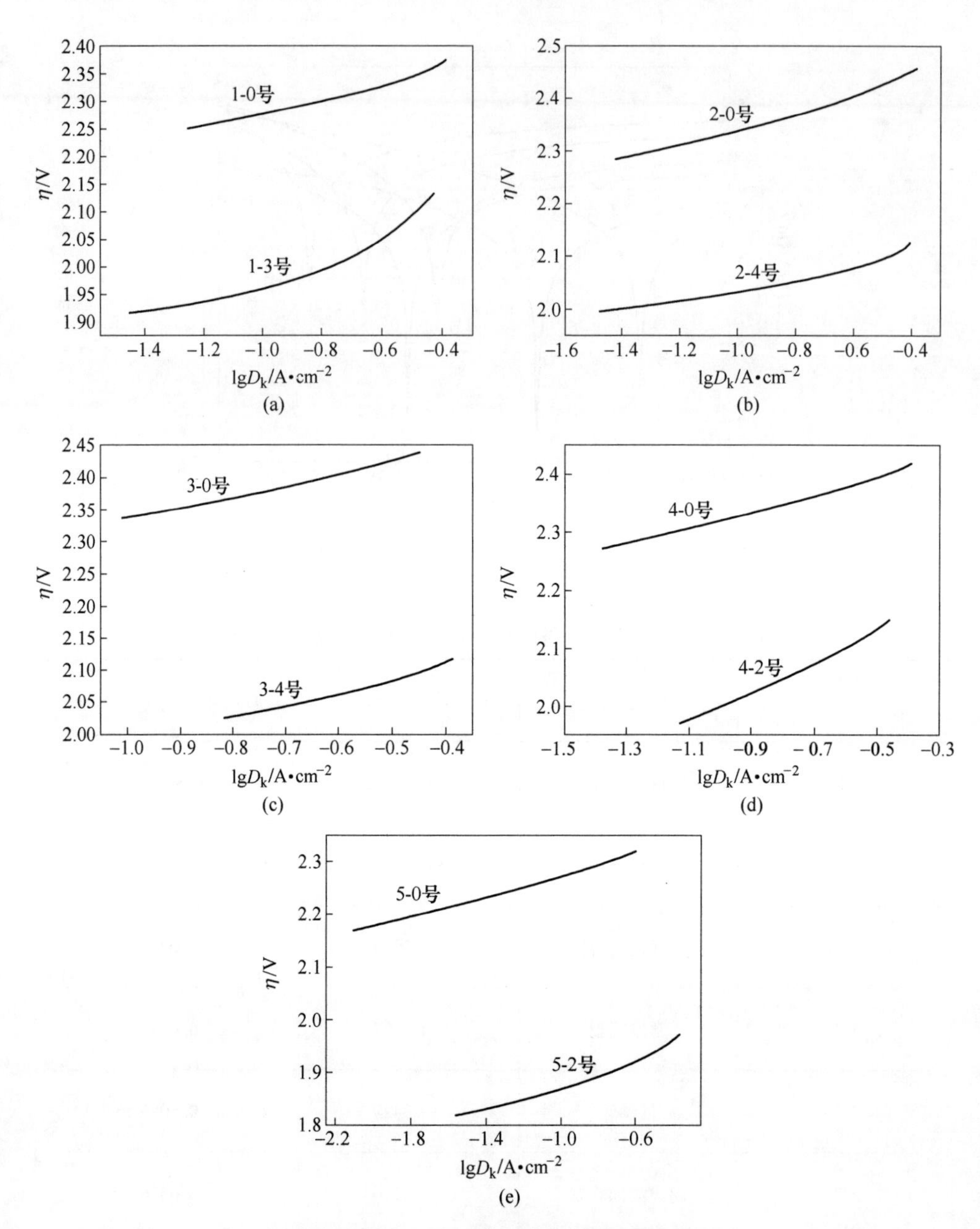

图 4-3　析氧电位与电流密度对数的关系图

（a）1-0 号未处理，1-3 号熔体温度 370℃-施振 1min；

（b）2-0 号 120℃退火-未变形，2-4 号 120℃-C 路径 6 道次；

（c）3-0 号 120℃退火-压下量 0%，3-4 号 120℃退火-压下量 60%；

（d）4-0 号 160℃退火-压下量 0%，4-2 号 160℃退火-压下量 20%；

（e）5-0 号 140℃退火-压下量 0%，5-2 号 140℃退火-压下量 20%

分别对6种不同工艺方法制得合金阳极测定 Tafel 极化曲线进行拟合，获得各自的拟合公式如下：

1-0号 $$\eta = 2.415 + 0.139\lg D_k \tag{4-1}$$

1-3号 $$\eta = 2.190 + 0.219\lg D_k \tag{4-2}$$

2-0号 $$\eta = 2.504 + 0.162\lg D_k \tag{4-3}$$

2-4号 $$\eta = 2.152 + 0.116\lg D_k \tag{4-4}$$

3-0号 $$\eta = 2.504 + 0.162\lg D_k \tag{4-5}$$

3-4号 $$\eta = 2.192 + 0.211\lg D_k \tag{4-6}$$

4-0号 $$\eta = 2.466 + 0.145\lg D_k \tag{4-7}$$

4-2号 $$\eta = 2.262 + 0.265\lg D_k \tag{4-8}$$

5-0号 $$\eta = 2.237 + 0.098\lg D_k \tag{4-9}$$

5-2号 $$\eta = 1.998 + 0.125\lg D_k \tag{4-10}$$

Tafel 公式的标准表达式为 $\eta = a + b\lg|D_k|$，其中 a、b 称 Tafel 系数，a 代表电极的析氧过电压，值大小反映阳极电子传输难易程度，b 一般是常数，其值通常与温度有关。根据拟合出的 Tafel 公式可知，不同加工处理工艺过程均降低析氧过位的值，如1-0号和1-3号分别是未加超声波和在370℃施加了超声干预合金样品凝固过程得到的结果，显然超声波施加时的合金熔体温度和超声波施振时间影响力阳极过电位使其变得更低；3-0号和3-4号则是在室温下的未轧制样品与60%下压量的轧制样品的对比，比较 Tafel 曲线拟合结果可知对合金阳极进行轧制处理后，其析氧过电位也得到降低，说明轧制过程改变了材料的内部结构，使其变得更具有电化学催化活性。从上述各拟合结果的公式比较中可以看出，经由超声波加轧制处理的合金电极样品具有最低析氧过电压。一般来说，在电化学反应过程中，电极过电位是该过程得以进行的推动力，因而电极的过电位越低，说明电极反应越容易发生，需要的外加推动力就越小，也即是需要的电场力越小，也越容易发生反应，其中的电子转移和交换过程在电极反应界面上就越容易进行。因而阳极更容易获得高的催化活性，可以提高电沉积产品的生产效率同时还有助于降低工作过程中电解槽上的电压降及电能消耗。

4.5　合金的显微硬度测试比较结果

因为铅本身是一种比较软而易延展的金属，合金元素银的添加在较大程度上提高了铅的强度，也减少了铅因自重而发生的蠕变（缓慢变形）和在电场力作用下发生弯曲变形的可能性，可以一定程度上防止生产过程中容易发生的极板间的短路现象。

不过其强度终究不够高，因此，对铅合金电极来说，电极的强度的变化也是始终值得考量的重要因素。一般来说，进行显微硬度的测试可以相当程度上反映材料基体的强度数值，对铅银合金来说，通常情况下他们之间是呈线性关系的。

本文采用了对样品破坏性较小的维氏显微硬度测试法，对各种加工工艺过程得到的最好性能的合金试样进行了硬度测量和对比，结果的数据如表 4-3 所示。

表 4-3　各样品显微硬度值测量结果

试样号	两对角线（d_1/d_2）/mm	换算的显微硬度值 HV
1-0	206/194	25.92
1-3	173/166	36.25
2-4	140/132	56.33
3-4	121/117	73.72
4-2	104/111	90.39
5-2	115/109	83.40

表 4-3 中测得的对角线长为经过 7 次打点并去除其中最大和最小值之后的平均值，一般应当具有较小误差，不过由于铅合金质量相对较软，在压头压入了铅银合金阳极时，其压痕一般会呈现不规则四边形，由此给计算结果会带来一些误差。在表 4-3 中的对角线长度是在 498 倍的放大倍数下的长度，与实际长度的换算方法为 1mm＝0.000309mm。

由上表测量结果可看出，各个进行过细晶处理的铅银合金，与普通浇铸得到的铅银合金相比，显微硬度都得到了提高，不过不同工艺过程产生的硬化程度则有不同。可以看到轧制法是能够使得铅银合金硬度有最大的提升，采用超声波凝固细晶处理方法的样品也能使得铅银合金的组织变得细小致密，但比不上较大塑性变形加工工艺处理的样品的组织变化程度大，其硬度值有小幅度的提升。而对铅银合金进行了等通道角挤压处理之后，一般情况下，其材料构成的晶粒内部位错密度会有较大增长，不过目前该种工艺下加工材料的尺寸受限，其硬度值提升也有限。当我们采用了轧制工艺时，铅银合金的晶粒随着变形量升高，材料内部发生位错扩展和缠结，其位错密度也急剧增大，并会有明显的加工硬化现象产生，因而会使合金硬度增加较多。即使再次对材料退火处理，使合金内部部分内应力及位错缺陷得以消除，但合金的硬度仍然较高。我们选用的在这几种加工工艺过程方案中，低温轧制方法获得的材料的硬度值最高，这或许是由于低温冷轧法获得的材料内部有较大的内应力、更多的位错缺陷和应变，而且低温轧制方法制备的合金样品，微观组织观察发现其平均晶粒更为细小，也许是这样一个原因才使得其抵抗变形能力更强。各种调控晶粒度的方法中，铅银合金测得的硬度值与铸造样品对比最大得到 3.21 倍的提升，在铅银合金作为电极在电解槽中工作时，强度的提高可以减少极板的弯曲和变形，可以使得电极的极间距保持恒定，避免因电极变形导致极间距的不均因而使得局部电流过高，防止极板提前失效。或因为短路产生大电流加速电极的溶解。所以，铅银合金的硬度提高对于电极极板的寿命、电解产品的质量、节能等方面都有着重要意义。

4.6 合金材料的平均晶粒度对铅银合金性能的影响

由 4.5 节的总结可以知道，当铅银合金的微观组织是再结晶组织结构时，相应材料的阳极可以得到最佳综合性能。不过尚未对平均晶粒尺寸和材料性能之间关系进行进一步探讨。本节将根据获得的最佳性能样品的平均晶粒度尺寸范围进行比较和分析，以为今后在制备铅银合金电极时选择工艺过程和参数时可以供参考，并讨论一下各种平均晶粒度的调控方法的影响。

我们现在把第 3 章中表 3-1、表 3-3、表 3-5、表 3-6 及表 3-9 中评测得到的合金平均晶粒度数与相应样品测得的电阻率以及槽电压分别综合到一起来进行分析，看看平均晶粒尺寸与导电性能之间的关系以及其和槽电压之间的关系，分析其相互间的影响。电阻率与晶粒尺寸的关系如图 4-4 所示。槽电压与平均晶粒度的关系如图 4-5 所示。图中各点分别与相应的样品相对应。其中原始铸造对比样品的电阻率是 $2.9235\times10^{-6}\Omega\cdot m$，其槽电压是 3.193V，平均晶粒尺寸 51μm，以此为基准进行各项对比。

根据图 4-4，合金电极材料电阻率较高的点有四个，这几个样品都是轧制过程变形量较大的样品，经过大的轧制（有三个压下量为 80%的样品，一个压下量为 60%的样品）变形，合金内部通常都会产生大量的位错和变形，材料内部大量

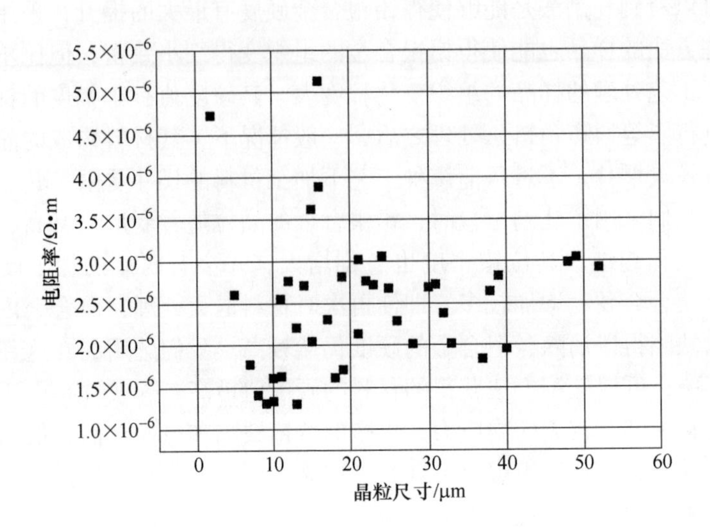

图 4-4　电阻率与平均晶粒尺寸间关系

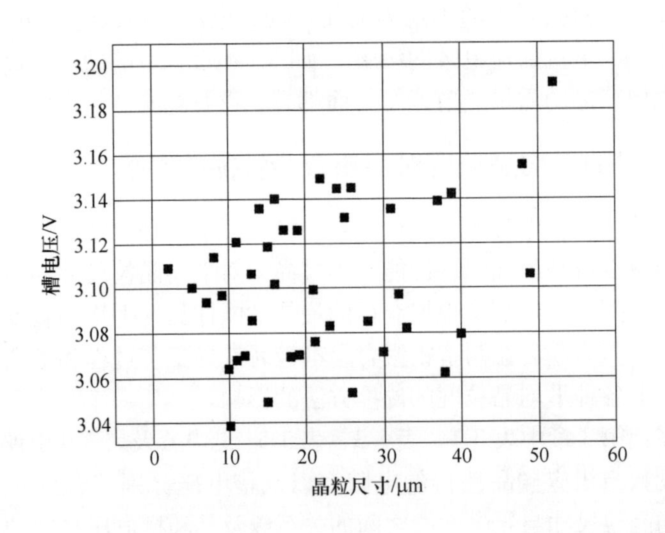

图 4-5　铅银合金的平均晶粒尺寸和实验槽电压间关系

位错的存在必然导致其电阻率迅速提高，此时虽然平均晶粒尺寸较小而且组织很致密，但位错将对电子的迁移产生大量的阻碍，降低电子运动的平均自由程，所以其电阻率会高。这说明当轧制工艺产生的变形量较大时，剧烈的变形将使其电阻率不降反增。当对合金的电阻率进行分区划分可以发现，当电阻率低于 2. 0×

$10^{-6}\Omega\cdot m$（电阻下降 31.57%），在 10μm 处点聚集最多，且一半点甚至可降至 $1.51\times10^{-6}\Omega\cdot m$ 下，导电性能可以说得到了很大提升。此外，有些样品的平均晶粒度相差并不大，而电阻率却相差较多，或许与处理工艺过程某些因素有关，即使能获得相同的晶粒尺寸，但因材料内部所受处应力状态、材料内的位错密度及分布，组织结构状况仍有差异，所以表现出电阻率的差距。

在图 4-5 中，位置最高的点 V=3.19V 是作为对照的铸造样品的槽电压值。由图 4-5 中各点的分布，选取横坐标中间的（25μm）位置，发现图中各点多半落在左侧区，即多数的平均晶粒尺寸都小于 25μm，并且密集处在图的左下方，此处各点的平均晶粒尺寸和槽电压都较小，槽电压最低的点在 10μm 附近。

将图 4-4 与图 4-5 进行综合分析，我们可以看到，合金材料的平均晶粒度并非越小电极的性能就越好，而是存在着尺度范围，当平均晶粒度过小时（≤5μm），材料并未获得更好的导电性能及电化学性能，在平均晶粒尺寸超过 5μm 时，合金阳极随着平均晶粒度减小，性能稍有提升；当平均晶粒度在某中间值时（≈10μm），阳极表现出最好的性能；随合金平均晶粒度继续增大到某值附近时（≥20μm），性能开始略有所下降。晶粒度再大材料的性能就会降低更多。可能是适度细化的平均晶粒度分布，既可获得内部缺陷比较少的晶粒，又能使晶粒的分布比较均匀，晶界区的结构差异也较小，当处在电化学体系下工作时各部分的活性和耐蚀性差别不大。可以有效防止局部区域过度反应和发生深层过度腐蚀，表现为更耐蚀的均匀腐蚀，从而有效提高电极整体耐蚀性，防止局部过度破坏而导致整体电极的短路或变形等现象。另外一定程度均匀且细小的组织也有利于材料的导电性能的提升，可以使合金电极具有良好的导电特性。

通过对所研究的低银铅合金电极的金相显微组织中的平均晶粒尺寸分布、组织形态和对应样品的各种性能测试的比较和分析，随着合金的平均晶粒尺寸的由小到大，合金阳极的机械、电化学综合性能是先升高后降低的，中间有一个最优值。在所有制成的样品中，具有大约为 10μm 左右的平均晶粒尺寸的样品表现出最佳的力学和电化学综合性能组合。这可以解释为：

（1）当平均晶粒度过于细小时，内应力较大，晶粒内部存在较多的位错堆积和孪晶、小角度晶界等缺陷，晶粒内的电子散射也比较大；此外，由于加上晶界总面积的增大，界面能升高，其微观组织的热力学活性较高，处于能量较高的非平衡状态，因而其稳定性必定不高，耐蚀性能也会下降；同时晶界对于电子的传播具有较强的散射作用，电子的传播遇到具有较多缺陷的晶界将受到强烈的散射作用，因而降低了电子的平均自由程，从而使得材料的电导率下降。

（2）对于具有平均晶粒度较大的合金材料，耐蚀性下降的原因是由于成分分布的不均匀、电极表面与电解质接触的晶粒与晶界上易形成较大的电偶极电势，从而构成微型电化学池，易导致沿着晶界方向形成较深的局部快速腐蚀和扩张，易使得其基体变得疏松、变形和脱落；导电性方面，由于铅银合金是共晶合金，银的添加对于合金的导电性可以具有较大的提升作用；当银的含量较低时，在较大的平均晶粒度下，银的分布更可能在晶粒内部以共晶组织的形式存在，在晶界上分布较少。此时，对于晶粒内部的共晶组织而言，由于低的银含量其电子传输速率提升有限，而晶界散射依然较强，故其电导率也难以提升。

（3）当具有合适的晶粒尺寸分布时，金属银可能较多地以单质的形式分布在晶界上，基体铅的电导率一定；当电子的传播遇到含银较多的晶界时，由于银的电导率大的超过铅，对于电子来说晶粒以外的传播非但没有因为晶界的散射下降，反而因为银的存在而相对降低了电子的散射程度，故而其电导率得到提升。此时（约为 10μm）由于晶粒组织较为细小，也更均匀致密，小的颗粒分布不容易引起局部的深入和快速腐蚀，因为即使表面与电解质接触的部位存在微型的电化学池，经过一定时间的腐蚀过后，随着这个晶粒的消失，此一电化学池便也消失，不会在此处继续向深处扩散了。因而此时的合金阳极材料具有良好的综合性能。此外，适度的晶粒尺寸结构，也可以在其略高于再结晶温度的工作温度下保持稳定的结构，此时材料还具有较低的内应力，而且具有较好的热稳定性。

4.7 本章小结

（1）经过5种铅银合金制备工艺过程的综合力学电化学性能对比，表明采用了超声波加轧制的合金样品的性能最优，说明了 Pb-0.5%Ag 的阳极制备是我们采用的多种实验方案中的最佳工艺路线。

经过对各工艺过程处理的诸样品中选择最佳试样进行再比较和深入研究，发现超声波加轧制方法获得的合金阳极表面上仅发生了轻微的均匀腐蚀，说明该方法可以有效地改善原合金阳极易出现的晶间腐蚀及点蚀腐蚀。

（2）Tafel 曲线测试及 η-lg$i$ 图拟合分析表明，铅银合金经过超声波加轧制法工艺处理后，其自腐蚀电位得到提高，而自腐蚀电流却降低，表明该方法使合金的耐蚀性增强；析氧过电位得以降低，材料的电子传输速率获得提升，电化学催化活性也增强，而实验槽电压降低。

（3）本文采用的多种合金材料的细晶工艺方法处理，铅银合金阳极硬度均得以显著提高，最高可达 3.21 倍，表明铅银合金材料的经处理后强度提升，有助于减少蠕变和弯曲，延长阳极工作寿命。

（4）合金加工后的晶粒组织结构是再结晶结构，当晶粒尺寸在 10μm 左右时，阳极在研究范围内可获得最好的综合性能，此时的晶粒尺寸处于各工艺方法获得的多种平均晶粒度的中间值，说明平均晶粒尺寸过大或过小时，阳极材料的性能并非最优。

第5章 第一性原理方法研究与界面能计算

合金的导电性、力学特性、电化学活性及耐蚀性通常与合金的微观电子结构有着深入的关联。本章从能反映材料根本特征的第一性原理方法入手，分析一般合金的形成过程中相关合金元素的添加和代位过程对于合金的电子分布，化学键强度、硬度、延展性等性质的影响。因为电子性质和化学键强度对铅银合金的导电性，及其在电化学反应过程中表现出来的耐蚀性与催化活性是影响巨大的。此外，铅银合金中 Ag 的添加较大地改善了铅合金的蠕变特性，也提高了强度及延展性。因为 Ag 在铅中的固溶度是非常低的，约 0.01%左右。它们可以形成共晶合金。通常电极用的铅银合金成分多在 0.7%~1.0%之间，这个成分的铅银合金属于亚共晶合金，就是合金中的 Ag 大部分是以共晶形式存在或者以游离的单质形式析出于晶界上，固溶于铅中的 Ag 含量极低，成分也不确定。铅银不存在金属间化合物，因结构不确定难以直接用第一性原理方法对其进行直接的研究和计算，也没有相关的报道和研究可资借鉴。所以本书希望借助研究其他合金化合与代位的一些一般性规律，然后从此角度去尝试理解合金化过程中铅银合金电子、力学与电化学特性的变化的微观机理。

5.1 第一性原理方法研究合金中的位点偏好效应及影响

运用密度泛函理论（DFT）对 NiAl 合金中的 X 元素（X = Mn、Fe、Co、Cu）的位点偏好及其对材料的结构、电子和弹性性质的影响进行了第一性原理方法的计算。生成焓的计算表明 X 元素的添加提高了 NiAl 合金的生成焓，说明 X 元素的添加降低了合金体系的稳定性。通过计算 X 元素合金化 NiAl 前后的能量变化对其位点偏好进行了研究，结果进一步显示 Mn、Fe、Cu 元素没有位点偏好，而 Co 则倾向占据合金中 Ni 的位置。通过分析电子的态密度，Mulliken 布居，重叠布居及价电荷密度，讨论了电子的属性及化学键的特征。弹性性质的计算表明只有 Cu 对 Ni 的替代作用提高了合金的塑性，其他情况下合金的塑性都下降了。

金属间化合物 B2-NiAl 以其突出的化学和力学属性吸引了相当多的研究者的兴趣[1]，它也是下一代高温结构材料中有力的竞争者。这些特性包括高的熔化温度（1638℃）、低密度（5.86g/cm^3）、高模量、高热导率以及优异的环境腐蚀抗力。然而它的室温脆性和高温强度方面的缺点严重限制了其实际应用[2~4]，不过仍可以通过添加合金元素的方法来进行改进。众所周知，固溶度是随着掺杂原子的不同而有差异的，其中 X 原子（X = Mn、Fe、Co、Cu）在 NiAl 合金中与其他的元素相比具有较高的固溶度。

要了解这些合金化效应需要知道第三元素的分布位置。X 原子的位置偏好已经有了很多的采用各种实验技术的研究。通过采用隧道增强显微分析的原子定位技术（ALCHEMI）[5,6]可以发现 Fe 和 Cu 在富铝合金中倾向占据 Ni 的位置，而在富镍合金中则倾向占据 Al 的位置。Allaverdova 等[7]使用了 X 射线衍射技术（XRD）来分析 Fe 和 Co 的位置偏好，结果显示 Fe 和 Co 可以替代 Ni 或 Al 的位置，但更倾向占据 Ni 的位置。扩展 X 射线吸收边精细结构测试（EXAFS）[8,9]表明 Fe 在富铝合金中的位置偏好是 Ni 位，而在富镍合金中则偏好 Al 位，而 Co 则显示占据 Ni 位的倾向。热导的测量也被用来研究位点的偏好[10~12]，Fe 和 Co 被发现替代 Ni，而 Mn 替代 Al，Cu 则对 Ni 或 Al 的亚晶格都可以取代。也有许多的研究者从理论的角度评定 X 元素的代位倾向[13~18]，Bozzolo 等应用了基于量子扰动理论的 Bozzolo-Ferrante-Smith（BFS）方法[13~15]研究了 NiAl 合金中的位点替代行为，并发现 Co 倾向占据 Ni 位，Fe 和 Cu 可替代 Ni 或 Al。Song 等[16]运用了基于密度泛函（DFT）理论的局域密度近似的离散变量簇方法计算了 NiAl-X 合金体系的束缚能，结果显示 Fe、Mn 和 Co 原子倾向占据 Ni 位。应用正则系统的统计力学 Wagner-Schotky 模型，对过渡金属元素在 NiAl 合金中的位点替代效应进行的研究[17]，Co 对于 Ni 的亚晶格具有一致的倾向，而 Mn、Fe、Cu 的行为则依赖于合金成分。Prklinsk 等运用第一性原理方法计算了位点的生成能和位点取向的能量，发现 Co、Fe 倾向留在 Ni 的亚晶格位置[18]。

还有一些关于合金化效应影响 NiAl 合金的性质的研究。Darolia 等发现，NiAl 单晶中的（110）面延展性在添加 0.25%的 Fe 时，从未添加 Fe 时的 1%增加到 6%。采用元素粉末混合的机械合金化方法合成的 $Ni_{50}Al_{50-x}Fe_x$（$x=5$，10，15，20，25，30），其显微硬度随 Fe 元素含量的增加而下降[19]。Pike 等[20]系统地研究了当 Fe 添加到 NiAl 中时发生的固溶硬化过程，结果表明在富镍合金中实际发生固溶软化，而在中等化学计量比和富铝合金中则观察到固溶硬化过程。Munroe 等[21]则报道了 Fe 的添加并不能明显地改进 NiAl 的室温拉伸延展性，尽管有一些硬度和抗压屈服强度方面的少量增加。Kovalev 等[22]指出 NiAl 合金中的 Fe、Co 掺杂对于其断裂的微观机制和延展脆性转变温度具有较好的影响，而且这些是和电子态密度相关的。NiAl 合金的显微硬度由于 Co 的固溶强化而增大[23]。Gao 等[24]获得的实验结果显示 Y 和 Cu 在限定的成分范围内的共同添加改进了合金的室温耐压塑性。Colín 等发现 Cu 可以增加富铝 NiAl 合金的硬度，而对于富镍合金则正好相反[25]。Huang 等[26]认为对于 {100} 晶面族的<001>方向位错运动的临界应力的下降可以解释 Ni(Al, Fe) 合金的磁致延展性。$(Ni_{1-x}Fe_x)Al(x=0\sim3.0\%$原子分数) 合金超晶胞的弹性常量已有研究者用基于虚拟晶体近似（VCA）的第一性原理方法进行了计算[27]。

通过以上的理论和实验研究，已经可以某种程度上理解 X(X=Mn, Fe, Co, Cu) 元素的位点倾向，但这些理论和实验研究结论并不完全一致，合金元素对于 NiAl 性质的影响也尚未被系统地讨论。本书将用第一性原理方法对 X(X=Mn, Fe, Co, Cu) 元素在 NiAl 合金中的位点倾向及其对于合金的电子性质和弹性性质的影响进行研究。

5.1.1　理论方法

NiAl 合金具有有序的 B2 结构，是由两个简单立方亚晶胞互相贯穿在一起组成的。Ni 和 Al 原子各自分别占据顶点和体心位置。其晶格常量是 $a_0=0.2887$nm，$\alpha=\beta=\gamma=90$。为进行本书的研究，将这一由 16 个原子组成的超晶胞修定为由一个 2×2×2 的立方有序结构，其中有一个单独的点缺陷，比如有一个反替位原子（Ni_{Al} 或 Al_{Ni}）或第三组元 X(X=Mn, Fe, Co, Cu) 在其亚晶格上，每一个超晶胞中的掺杂原子 X 对应于 6.25%的原子百分比。图 5-1 显示了 Al 位和 Ni 位的缺陷结构。

本书基于一般化梯度近似（GGA）的密度泛函理论，使用了 CASTEP 程序[28]进行了计算。对于 GGA 的交换相关函数，使用了 Perdew-Wang 参数化(PW91)[29,30]。并使用了超软赝势和平面波基组[31]。经过一系列测试后，截止能量设定在 400eV。在所有计算中，k 点都是 8×8×8 且总能量的自洽收敛值是 5×10^{-7}eV/atom。

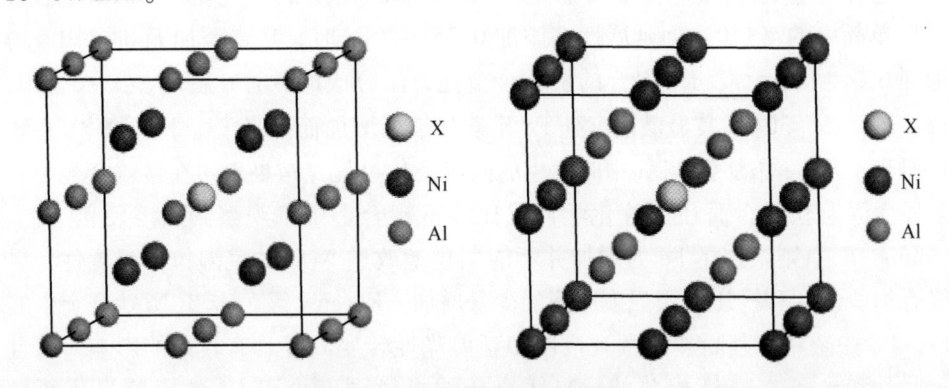

图 5-1　计算中使用的原始模型

5.1.2 结果与讨论

5.1.2.1 NiAl 合金中的第三元素在基态下的位点倾向

生成焓由稳定单质生成化合物的焓变，其大小与所含有的各纯组元的含量的加权相关。该化合物的体积稳定性通过生成焓来确定。负的生成焓值意味着该结构是热力学稳定的，而正的生成焓的值则意味着该结构是不稳定。在本书中，$(Ni_7X)Al_8$的生成焓的计算为：

$$\Delta H_{(Ni_7X)Al_8} = 1/6(E_{tot} - 7E_{solid}^{Ni} - 8E_{solid}^{Al} - E_{solid}^{X}) \quad (5\text{-}1)$$

$Ni_8(XAl_7)$ 的生成焓使用下列表达式计算：

$$\Delta H_{Ni_8(XAl_7)} = 1/6(E_{tot} - 8E_{solid}^{Ni} - 7E_{solid}^{Al} - E_{solid}^{X}) \quad (5\text{-}2)$$

式中 E_{tot}——单胞的总能量；

E_{solid}^{Ni}，E_{solid}^{Al}，E_{solid}^{X}——块体 Ni、Al 及 X 的单原子能量。

晶格参数及生成焓总结在表 5-1 中，众所周知当第三元素代替了大原子之后晶格参数会变小。但是 $Ni_8(Al_7Mn)$ 和 $Ni_8(Al_7Fe)$ 的晶格参数大于 $(Ni_7Mn)Al_8$ 和 $(Ni_7Fe)Al_8$。溶解的原子（Mn 和 Fe）与最近邻 Ni 原子之间的磁性相互作用可能是这样一种反常现象的直接原因。ΔH_f 是负值清楚表明了所研究的化合物的稳定性。从表 5-1 可看出，NiAl 的生成焓的绝对值大于掺杂体系生成焓的绝对值都为负，这说明 NiAl 体系掺杂后的生成焓升高，体系的稳定性随合金掺杂而降低。

表 5-1 计算的平衡晶格常数、基态能量和生成焓

Alloys	Designation	a/Å	E/eV · atom^{-1}	ΔH_f/eV · atom^{-1}
Ni_8Al_8	Ni_8Al_8	5.793	-707.318	-0.0671
$Ni_8(Al_7Ni)$	NiAl	5.765	-788.516	-0.600
$(Ni_7Al)Al_8$	AlNi	5.860	-625.926	-0.548
$(Ni_7Mn)Al_8$	MnNi	5.791	-663.433	-0.635
$Ni_8(Al_7Mn)$	MnAl	5.799	-744.678	-0.611

续表 5-1

Alloys	Designation	a/Å	E/eV · atom^{-1}	ΔH_f/eV · atom^{-1}
$(Ni_7Fe)Al_8$	FeNi	5.778	-757.899	-0.65
$Ni_8(Al_7Fe)$	FeAl	5.779	-687.828	-0.578
$(Ni_7Co)Al_8$	CoNi	5.781	-687.828	-0.664
$Ni_8(Al_7Co)$	CoNi	5.767	-769.005	-0.571
$(Ni_7Cu)Al_8$	CuNi	5.815	-706.702	-0.610
$Ni_8(Al_7Cu)$	CuNi	5.776	-787.958	-0.597

为了研究 NiAl 合金在 0K 是第三元素的位点倾向，使用了 Rban 和 Skriver 方法。在 $T=0$K 的温度下，NiAl 合金中的第三元素位点倾向是由其熵的值决定的。假定有这个反应：$X_{Ni}+Al_{Al}\rightarrow X_{Al}+Al_{Ni}$，意为从 Ni 位移动一个 X 原子到 Al 位置，该反应的能量变化（$E_X^{Ni\rightarrow Al}$）可以由下式计算：

$$E_X^{Ni\rightarrow Al}=E(Ni_8Al_7X)+E(Ni_7AlAl_8)-E(Ni_7XAl_8)-E(Ni_8Al_8) \quad (5\text{-}3)$$

X 原子从 Ni 位移到 Al 位的能量变化有三种情况，每一种情况相应于一种第三合金元素的位点倾向：

$E_X^{Ni\rightarrow Al}<0$，X 原子占据 Al 位；

$E_X^{Ni\rightarrow Al}>H_{AlNi}+H_{NiAl}=3.10$eV，X 原子占据 Ni 位；

$0<E_X^{Ni\rightarrow Al}<H_{AlNi}+H_{NiAl}=3.10$eV，X 原子可以占据两种位置。

$$H_{AlNi}=[H_{f(AlNi)}-H_{f(NiAl)}]/(1/16)$$

$$H_{NiAl}=[H_{f(NiAl)}-H_{f(NiAl)}]/(1/16) \quad (5\text{-}4)$$

$E_X^{Ni\rightarrow Al}$的值（X=Mn，Ni，Co，Cu）各自为 2.35，3.05，3.45，2.18。因此，Co 倾向替代 Ni，而 Mn、Fe、Cu 则具有两种混合的替代倾向。这样的计算结果和 Bozzolo 等[13~15]的计算结果是一致的。

5.1.2.2 电子属性

NiAl 的总的态密度和偏态密度以及加上 Co 和 Cu 作为位点替代的典型代表

显示于图 5-2~图 5-4 中。可以发现在合金化掺杂后 NiAl 的总态密度的变化以及 Ni 和 Al 的偏态密度的变化是非常小的。如图 5-2~图 5-4 所示，电子的态密度在费米能级是非 0 的，这说明该相具有金属特征。NiAl 的偏费米能级显示电子结构的主要特征是由 Ni 的 3d 和 Al 的 3p 轨道杂化所主导的，p—d 键的存在是 NiAl 为何表现出脆性的原因之一。

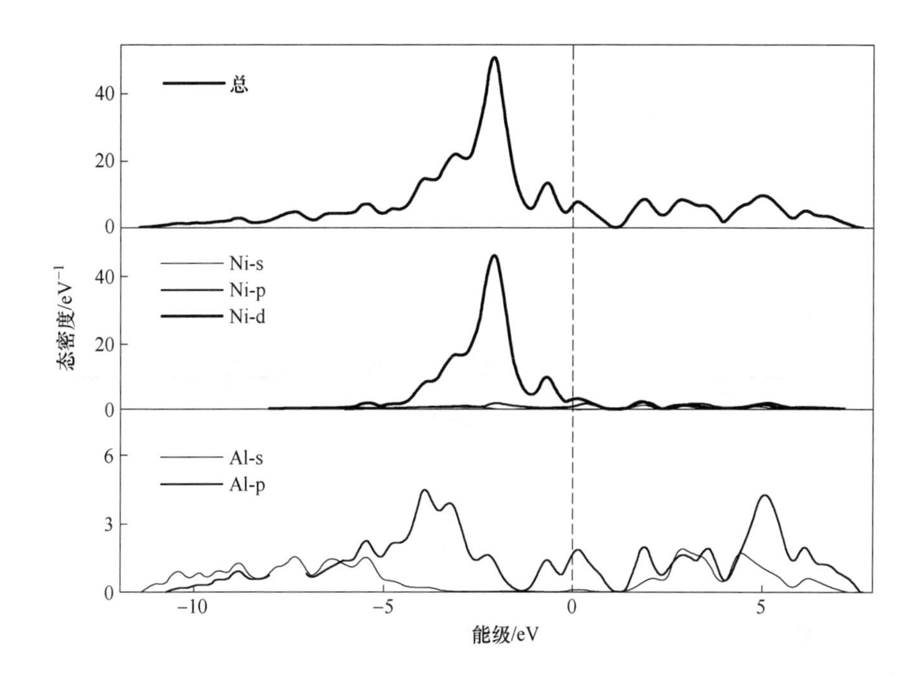

图 5-2 NiAl 的态密度

图 5-3 比较了（Ni_7Co）Al_8和 Ni_8($CoAl_7$）的价电子总的态密度。对于 Ni 位替代的情况来说，Co 的价电子在费米能级以下具有-1.5eV 和-0.25eV 两个成键峰。对其他情况来说，则有三个成键峰低于费米能级，分别是-2.75eV，-1eV，-0.25eV。后一种情况下的总态密度的峰值比前一种情况的峰值要低得多。此外，前一种情况下费米能量的电子的总的态密度只有后一种情况的一半。结果清楚表明，Co 原子在 NiAl 中表现出强烈的 Ni 位替代倾向。

对于 Cu 的添加（图 5-4），当其替代一个 Ni 位时，成键峰存在于-4.25eV 和-3.0eV，而当其占据 Al 位时，成键峰存在于-3.25eV 和-1.5eV。值得注意的是，这对于键强度的贡献可能是相似的。此外，两种替代情况下在费米能级的偏态密度是相似的。所以 Cu 可以替代两个位置而没有明显的倾向。这一结论和上面提到的 Ruban 与 Skriver 方法的分析结果是一致的。

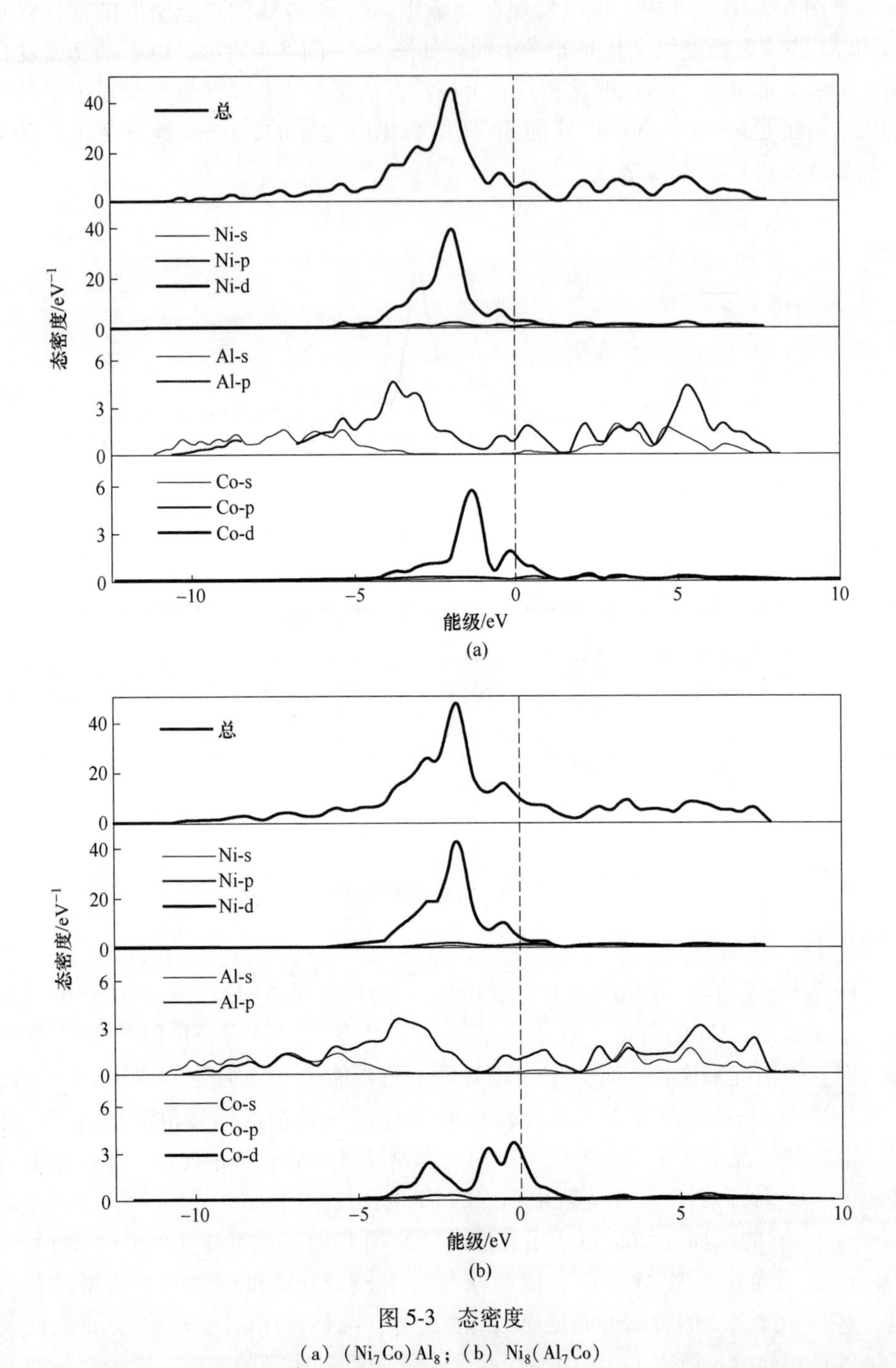

图 5-3　态密度

(a) $(Ni_7Co)Al_8$；(b) $Ni_8(Al_7Co)$

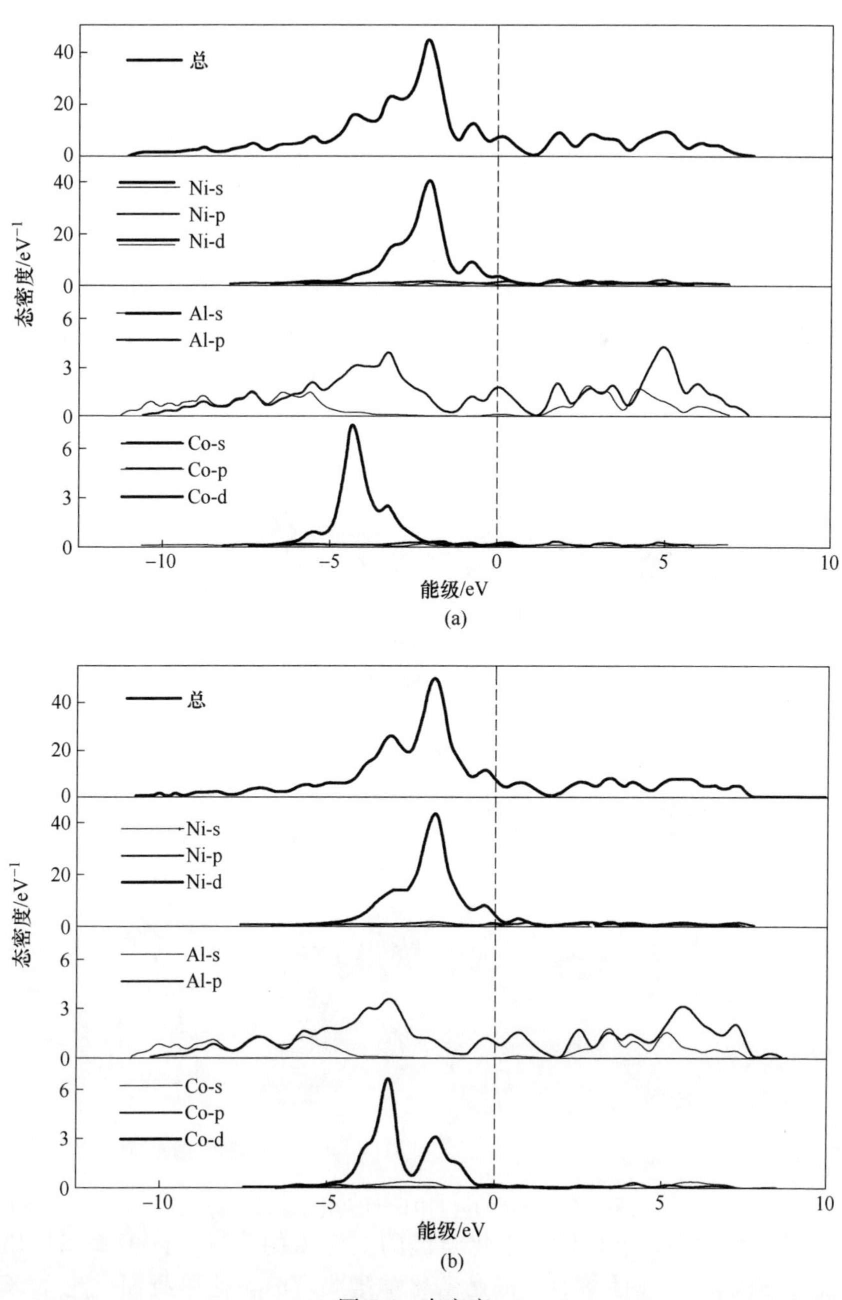

图 5-4 态密度

(a) $(Ni_7Cu)Al_8$; (b) $Ni_8(Al_7Cu)$

为了进一步深入理解其结合键的特征，还进行了电荷密度分布的研究，图中红色代表高的电荷密度，蓝色意味着较低的电荷密度，显然围绕着 Ni 原子和 X 原子的电荷密度是比较大的。

可以从 NiAl 合金的（110）平面上的键电荷密度分布看出，电子在<111>方向上的富集，而在<100>方向上的电子则相对贫化。其主要的原因是 p—d 极化键的形成引起了电子在<100>方向上的贫化，并导致了 NiAl 合金晶体的固有脆性。

由图 5-5~图 5-7（见书后彩图）可以看出，对于 Co_{Ni}、Co_{Al}、Cu_{Al}，其键电荷在<111>方向的富集的现象变得更严重，而这预示着这些位置的替代增加了合金的脆性。当 Cu 取代 Ni 的位置时，围绕着 Cu 的电子组态趋于比 NiAl 合金中的 Ni 原子的电子组态更圆，而且<111>方向上的键电荷密度也要低于 NiAl 合金。这意味着 Cu_{Ni}的替代提高了 NiAl 合金的延展性。

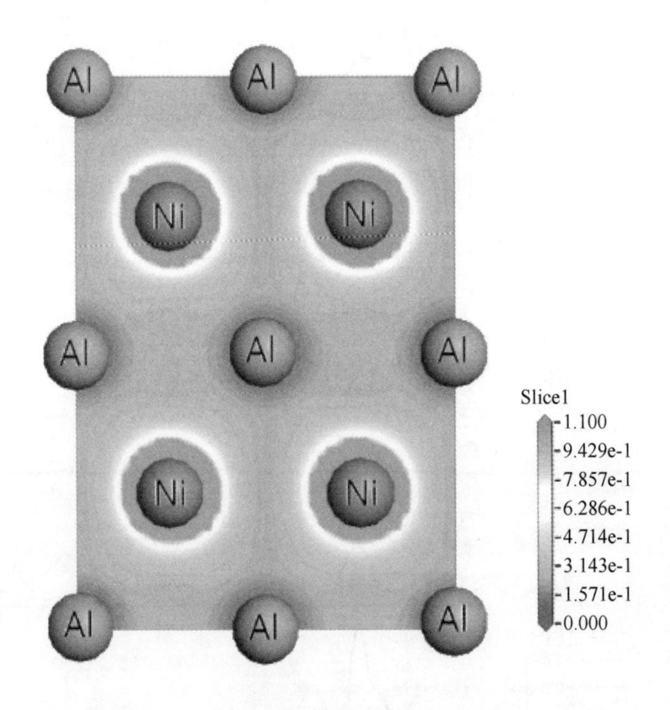

图 5-5　NiAl 的（110）面的电荷密度分布

布居分析的结果能提供关于化学键的更深入的信息，许多基态性质比如磁状态、稳定性和弹性参数，都是由化学键决定的。这里我们讨论了 X 原子最近邻原子的 s、p、d 轨道上的电子数（Ns、Np、Nd）的变化，结果如表 5-2 所示。

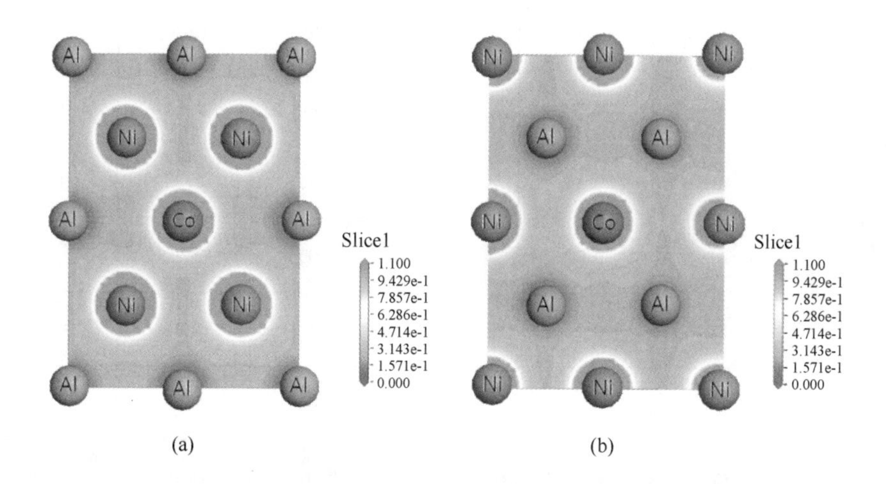

图 5-6 （110）面电荷密度分布

（a）$(Ni_7Co)Al_8$；（b）$Ni_8(Al_7Co)$

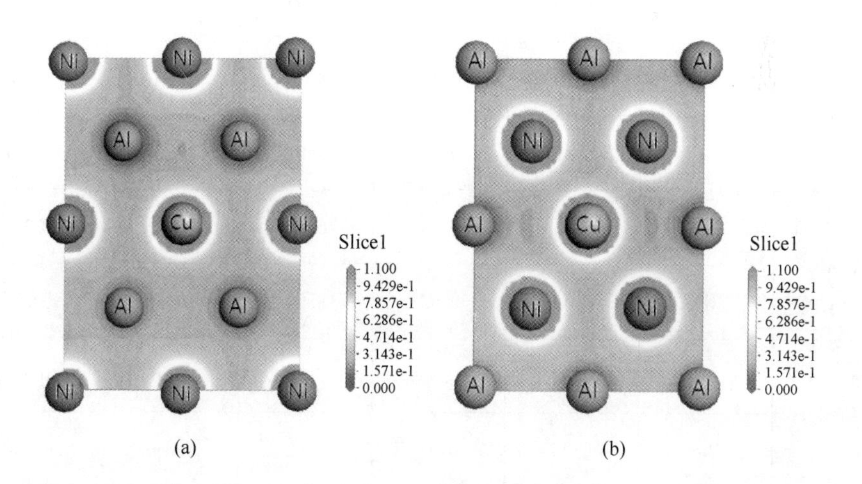

图 5-7 （110）面电荷密度分布

（a）$(Ni_7Cu)Al_8$；（b）$Ni_8(Al_7Cu)$

表 5-2　原子在未掺杂和杂质掺杂情况的布居与电子电荷

模型	原子	s	p	d	总电荷	变化量/e
Ni_8Al_8	Ni	0.43	0.95	8.95	10.32	-0.32
	Al	0.80	1.87	0.001	2.68	0.32
MnNi	Mn	0.15	0.48	6.26	6.89	0.11
	Al	0.82	1.89	0.00	2.71	0.29
FeNi	Fe	0.26	0.79	7.11	8.16	-0.16
	Al	0.81	1.88	0.00	2.69	0.31
CoNi	Co	0.34	0.74	8.07	9.15	-0.15
	Al	0.81	1.88	0.00	2.68	0.32
CuNi	Cu	0.66	1.39	9.71	11.75	-0.75
	Al	0.79	1.86	0.00	2.65	0.35
MnAl	Mn	0.26	0.48	5.60	6.34	0.66
	Ni	0.45	0.97	8.91	10.34	-0.34
FeAl	Fe	0.38	0.72	6.54	7.65	0.35
	Ni	0.45	0.95	8.91	10.31	-0.31
CoAl	Co	0.38	0.56	7.72	8.66	0.34
	Ni	0.44	0.94	8.92	10.30	-0.30
CuAl	Cu	0.55	0.92	9.68	11.15	-0.15
	Ni	0.42	0.91	8.93	10.25	-0.25

可以看到最近邻 X 的原子的总电子数随着 X 原子的元素序号的增加而下降，而 X 原子的总电子数增加。我们注意到一个有趣的现象，当 X 原子的元素序号比较小的时候，Ni 原子的 Ns、Np 也比较小，但是 Nd 则并非如此。这意味着随着 X 原子的元素序号的增加 s 和 p 电子转移到了 d 轨道上了。由表 5-2 可以看出，Mulliken 电荷在合金化之后发生变化了。在 MnNi、MnAl、FeAl、CoAl 的替代中 X 原子失去电子，而在 FeNi、CoNi、CuNi、CuAl 中 X 原子得到电子。这就说明 Mn 在添加到 NiAl 中时 Mn 失去电子，而 Cu 添加到 NiAl 合金中时则得到电子。对于最近邻 X 原子的原子得失电子能力的分析显示：当 X 替代 Ni 位时，Al 的失电子能力随 X 元素序号增加而增加，而当 X 元素取代 Al 位时，Ni 的得电子能力则随 X 元素的序号增加而下降。这一结果是因为对于一个原子来说，其失去电子的能力在元素周期表中的同一周期是随元素序号增加而下降的，而它周围的原子失去电子的能力则是下降的或者得电子的能力增强。

成键（或反键）态是与键布居值的正（或负）有关的，低（或高）的值意味着化学键表现出强的离子（共价）键。图 5-8 显示了 X 原子与其最近邻原子之间的键布居。

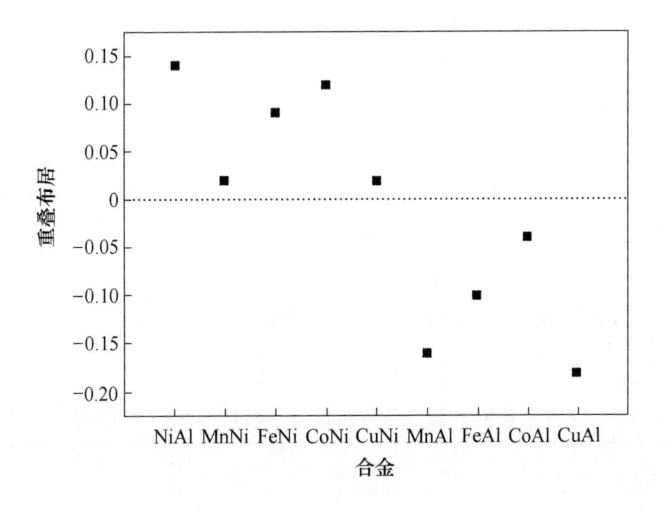

图 5-8 不同代位的交迭布居值

从图 5-8 能够看出，合金掺杂后所有的键布居值变小。对于 Al 位替代的情况来说，键布居是负的，可能是因为代位原子与最近邻的 Ni 原子之间 3d 电子之间的强烈排斥所引起的，而且合金的稳定性降低。这一结论和对生成焓的分析结果是相当一致的。

5.1.2.3 弹性性质

弹性常量是非常重要的参数，它可以描述材料对于所加应力的响应。这里我们计算了弹性常量 NiAl 以及掺杂体系的弹性常量 C_{11}，C_{12}，C_{44}，结果列于表 5-3。一个固体的结构稳定性依赖于热力学量和弹性。对于一个立方晶体来说，广为接受的弹性稳定性准则[32]是：

$$C_{11} - C_{12} > 0,\ C_{11} > 0,\ C_{44} > 0,\ C_{11} + 2C_{12} > 0$$

表 5-3 中的弹性常量服从这些稳定性准则，说明这些相的化合物是力学稳定的。

人们已经发现[33]材料的硬度单独对应于弹性常量 C_{44}。C_{44}越大，硬度越高。在我们的计算当中，C_{44}随着 X 的合金化而变化，这表明材料硬度的变化。其硬度从高到低的顺序是：

$$(Ni_7Fe)Al_8 > (Ni_7Co)Al_8 > (Ni_7Mn)Al_8 > Ni_8Al_8 > Ni_8(Al_7Co) > Ni_8(Al_7Mn) > Ni_8(Al_7Fe) > (Ni_7Cu)Al_8 > Ni_8(Al_7Cu)$$

Co 代替 Ni 后，$(Ni_7Co)Al_8$的硬度大于 NiAl，可以得出 Co 添加到 NiAl 金属间化合物中增加了它的硬度，这已经有实验结果所证明。

体积模量 B 是测量材料受压后的对于体积变化的抗力，而剪切模量 G 则是测量剪切应力下材料的抗剪切变形的能力[34]。杨氏模量 E 反映材料抗单轴拉伸的能力。泊松比 ν 用来定量化晶体的抗剪切稳定性。多晶体的这些结构属性对于定义材料的力学性能是非常重要的。

B、G、E 和 ν 的值可以使用如下的公式直接计算得出[35]，结果列于表 5-3。

表 5-3 弹性常量的计算（GPa）和弹性参数（B，G，E，B/G，ν）

模型	C_{11}	C_{12}	C_{44}	B	G	E	B/G	ν
Ni_8Al_8	177.39	149.96	115.39	159.10	51.91	140.46	3.065	0.353
MnNi	234.62	125.06	121.40	161.58	88.21	223.89	1.832	0.269
FeNi	236.09	127.72	125.09	163.84	89.42	226.97	1.832	0.269
CoNi	242.94	127.27	123.08	165.84	90.90	230.58	1.824	0.268

续表 5-3

模型	C_{11}	C_{12}	C_{44}	B	G	E	B/G	ν
CuNi	161.79	149.22	106.52	153.41	40.43	111.50	3.795	0.379
MnAl	233.14	122.03	112.48	159.07	84.75	215.90	1.877	0.274
FeAl	208.39	108.87	108.00	142.04	79.13	200.22	1.795	0.265
CoAl	209.73	138.50	113.08	162.24	71.28	186.53	2.276	0.308
CuAl	194.57	131.24	95.02	152.35	61.23	161.98	2.488	0.323

$$B=(C_{11}+2C_{12})/3 \tag{5-5}$$

$$G_V=(C_{11}-C_{12}+3C_{44})/5 \tag{5-6}$$

$$G_R=[5(C_{11}-C_{12})C_{44}]/[3(C_{11}-C_{12})+4C_{44}] \tag{5-7}$$

$$G=(G_V+G_R)/2 \tag{5-8}$$

$$E=9BG/(3B+G) \tag{5-9}$$

$$V=(3B-2G)/[2(3B+G)] \tag{5-10}$$

计算的结果列于表 5-3。材料的硬度与杨氏模量 E 和剪切模量 G 密切相关，E、G 的值越大，材料的硬度就越高。从表 5-3 可以看出，$(Ni_7Co)Al_8$ 的弹性模量 E 和剪切模量 G 的值是最大的，而 $Ni_8(CuAl_7)$ 相应的值最小。通过分析 E 和 G 的值得到的结果与根据 C_{44} 得到的结论是相同的。由 Chen[36] 引入的晶体相的体模量与剪切模量的比值可以预测材料的脆性和延展行为，高（或低）的 B/G 值与好的延展性（脆性）相关，其临界值是 1.75。本文的计算中，所有体系的 B/G 值都大于 1.75，这预示着 NiAl 及其合金掺杂体系是延展性材料。从 B/G 的值我们能够看出，除 Cu 外，合金化降低了 NiAl 的延展性。材料的塑性由高到低的顺序是：

$(Ni_7Cu)Al_8 > Ni_8Al_8 > Ni_8(Al_7Cu) > Ni_8(Al_7Co) > Ni_8(Al_7Mn) > (Ni_7Fe)Al_8 >$

$(Ni_7Mn)Al_8 > (Ni_7Co)Al_8 > Ni_8(Al_7Fe)$

此外，泊松比 ν（通常范围是从 −1 到 0.5）用来定量描述晶体的抗剪切稳定性，泊松比越大材料的塑性越好。根据 ν 和 B/G 的分析可以得出的结论是一样的。

5.1.3 结论

本文采用第一性原理方法对 NiAl 合金中的 4 种 X 元素（X = Mn，Fe，Co，Cu）的位点偏好及其对于合金的电子与弹性性质的影响进行了研究。计算获得的各个合金的生成焓均为负值，说明这些化合物从能量的观点来说都可以稳定存在。合金掺杂体系的生成焓均大于 NiAl 合金的生成焓，表明经 X 元素掺杂后合金的稳定性有所降低。通过计算 NiAl 合金的 X 元素掺杂的能量变化对各掺杂元素的位点偏好进行了研究，结果显示出 Mn、Fe、Cu 在 NiAl 合金中，既可以占据 Ni 的位置也可以占据 Al 的位置，而 Co 元素则倾向占据 Ni 的位置。通过分析其电子的态密度、价电荷密度、Mulliken 布居和重叠布居，讨论了各替代情况下的电子的性质和结合键的特征。在 Co 代替 Ni 位置，Co 代替 Al 位置，Cu 代替 Al 位置的情况下，成键电荷在<111>方向上的富集现象变得更加严重，意味着该位置的替代增加了合金的脆性。在 Cu 占居 Ni 位的时候，Ni 原子与 Al 原子之间的电荷密度变得略小于 NiAl 合金，而这种情况表明了 Cu 原子对 Ni 原子的替代提高了合金的延展性。此时的弹性常量满足稳定性准则，所以其单晶体是具有力学稳定性。B/G 的值和 ν 值显示只有 Cu 对 Ni 的替代增加了合金的塑性，而别的元素掺杂则降低了合金的塑性。

5.2 铅铜二元非混溶体系的固液界面能计算

对 Warren 的二元及赝二元体系固液界面的自由能计算方法进行了进一步的探讨，得出一个适用于难溶或低固溶度的二元金属体系的界面自由能计算的改进算法，增加了对输入变量的精度的考量，并增加了改进及评估其结果的误差估计，适用于多种类似二元体系的界面能计算。使用该方法对于 Pb-Ag、Pb-Cu 和 Pb-Al 体系的自由能进行了估算。

固液界面张力或自由能是获得金属体系固液界面的平衡特征的唯一可测定的量[37]，在晶体的形核、生长、润湿、烧结等研究中起重要的作用，此外，复合材料的基体与增强物质间的结合强度、粉末冶金的烧结密度等也与适当的固液界面能密切相关[38]。

1983 年，Eustathopoulos[39]对早期的各种实验方法和界面能的计算和建模进行了广泛的评述。固液界面的自由能实验测定方法通常需要分别针对两种不同的界面而进行；一是纯金属和自身熔体之间的界面自由能，二是 A 固体与 B 液体两种纯物质之间的界面自由能。第一种情况下实验测定的依据是 Gibbs-Thomson 方程，也即根据液相中的固相颗粒的尺度大小与其平衡温度之间的关系来确定其界面能。第二种情况则是通过测量固体界面上的各种界面张力达成平衡时的两面角（Diheral Angle）来获得固液界面的界面能信息。常规实验方法研究固液界面自由能的方法包括多相平衡法 MPE（Multiphase Equilibrium Method）[40]、座滴法 SD（Sessile Drop Method）[41]、悬滴法 PD（Pendant Drop Method）[42]、升滴法 RD（Rising Drop Method）[43]、温度梯度法 TG（Temperature Gradient Method）[44]等。不过由于实验技术和操作条件的复杂，关于界面自由能的实验研究都受到很多的限制。

由于界面能的实验测定的困难，人们自然地就去尝试从理论上来推导该性质。先后有 1956 年 Skapski 提出的纯金属界面能计算的非结构模型，以及 Miller 和 Chadwick 等提出的固液界面能与晶界能的经验公式，Ewing 提出的考虑到熵的贡献的模型，再到对多元体系的界面层假设为不同厚度的 Miedema 和 Broeder 0 层模型，Eustathopoulos 的单层模型和 Warren 提出的界面双层模型[45]，较近的 Miedema[46]还给出一套可以广泛适用于各种金属体系界面能近似计算的通用模型，不过其中一些参数说明不足，选用时还需查询资料，不太容易上手使用；给出的验证数据也比较少，有关体系的估算精度似乎没有超过以前的模型，作粗略估算稍嫌不便。Warren 认为具有金属体系固液界面的计算可以通过采用一个简化的模型来进行，即将该界面能分为结构项（称物理项）和化学项两部分。其中物理项主要取决于固体原子表面层的熔化潜热，而液态部分的界面原子层的无序程度则用熵来表示；而化学项则可根据测得的不同金属原子之间的接触及合金化反应的能量来确定。Warren 还将该模型的应用从二元合金推广至伪二元（金属-化合物）体系。不过 Warren 的模型给出了计算过程的基本关系式，其中的化学项的计算较为复杂，有些相关参数也并没有给出推导公式。

本文以 Warren 的模型为基础，针对近来研究较多的难溶体系的特点[46]，重点解决了其较为复杂的化学项计算问题，使得化学项的计算变成可以直接套公式算。推导了其中影响直接计算的三个关键参数的通式；对其中的一个和成分有关的重要常数项的简化与非简化式对计算结果的影响进行了评估；根据最新文献加入了计算过程中的摩尔体积参数随温度变化的关系式，可以进一步提高计算的准确度；给出了低固溶合金界面能的结构项的直接表达式及依据，根据最后的通式，只需知道液相成分 x_1 和温度 T 两个变量就可以直接计算界面能结果，用到的另两个是可以很容易在标准物质手册中查到的熔化焓和摩尔体积。与铅铜体系的实验研究结果[47~50]进行的比较，其符合程度令人满意。

5.2.1 模型、计算方法与公式推导

5.2.1.1 模型

根据 Warren 的固液界面模型，如图 5-9 所示，Pb-Cu 界面可看成是由界面上的 α 和 β 两个面之间的双原子层所构成。界面两侧是各自混有少量异种原子的两个原子单层。并且假定其间的两个 Pb 和 Cu 的原子层处于液相混合状态。对于 β

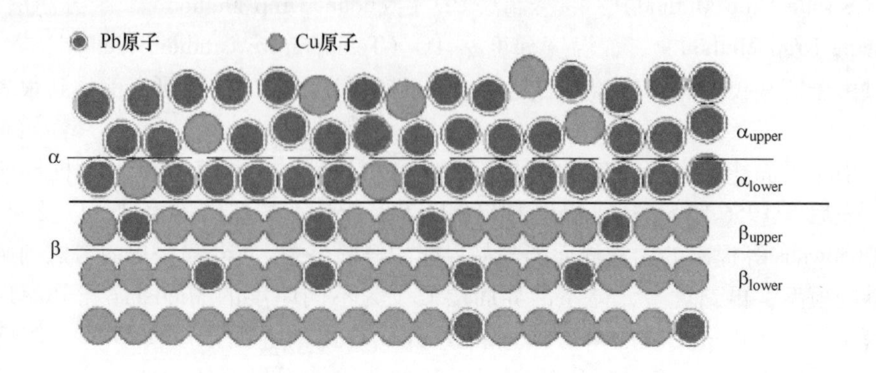

图 5-9　Pb-Cu 二元系固液界面模型

界面上下的两个 Cu 的原子层来说，相邻的两个层的成分相同而结构不同，一个处于固相（下方），一个处于液相，其界面能来自固相和液相结构上的不同，其中固溶的 Pb 原子量极少，可以忽略；该项构成界面能的结构项。

对于中间的两个原子层来说，两侧均处于液相，但是成分不同，一个是 Pb 层，一个是 Cu 层，其界面能主要由成分的不同而引起，构成了固液界面能的结构项。

对于上面的 α 面来说，其两侧的原子层均由 Pb 原子构成，均处于液相，其成分和结构均无不同，界面能可视为 0，构成界面能的第三项。

5.2.1.2　**计算方法**

根据 Warren 的理论，总的界面能 γ_{SL} 可表示为：

$$\gamma_{SL} = \gamma_{Pb} + \gamma_{Pb\text{-}Cu} + \gamma_{Cu} \tag{5-11}$$

式中　γ_{Pb}——α_{upper} 和 α_{lower} 之间的液相 Pb 的界面能；

$\gamma_{Pb\text{-}Cu}$——中间处于非平衡混合态的 Pb 和 Cu 原子层的界面能；

γ_{Cu}——β_{upper} 和 β_{lower} 之间的两个 Cu 原子层之间的由于结构的不同产生的界面能。

根据 Warren 的假设具有同样结构和成分的上面两个 Pb 原子层之间的界面能近似看作为 $\gamma_{Pb}=0$。因此，对于 Pb-Cu 非混溶的固液二元体系的界面能公式可写成：

$$\gamma_{SL} = \gamma_{Pb\text{-}Cu} + \gamma_{Cu} \tag{5-12}$$

假设达到平衡态时液相中含有的 Cu 原子的原子百分比为 x_1，固相中为 x_2，中间界面 α_{lower}和 β_{upper}之间的双层中的含量为 x_3，因为 Pb-Cu 二元体系属于难固溶体系，则可以作以下近似：

$$x_1 \approx 0$$

$$x_2 \approx 1$$

那么，根据固液二元自由能成分曲线，液相自由能在具有平衡成分百分数为 x_3处的混合自由能则可视为 $\Delta G = 0$，因此那么处于液相的中间原子双层的自由能为：

$$\gamma_{(Pb-Cu)L} = (\Delta G_1 - \Delta G_2) n/N = \Delta G_1 n/N \tag{5-13}$$

此处的 N 代表 Avogadro 常数，n 是界面双层单位面积上的（原子数/m^2），ΔG_1代表成分为 x_3 的 Cu 的液相自由能（J/m^2），$\Delta G_2 = \Delta G = 0$。据 K. A. Jackson 的研究[51]，可将 Pb-Cu 均匀液相部分的自由能分成两部分，即（1）固态 Cu 转为液体需要的能量；（2）液态 Pb 与液态 Cu 均匀混合的自由能。此时的液态 Cu 在所讨论的温度范围内为非平衡相，这样我们根据 Pb-Cu 的成分-自由能曲线，按照 Kaufmann 和 Bernstein 的公式，获得如下液态 Pb-Cu 的总自由能表达式为：

$$\Delta G_L = \Delta G_3 x_3 + RT[x_3 \ln x_3 + (1 - x_3)\ln(1 - x_3)] + C x_3 (1 - x_3) \tag{5-14}$$

式中 ΔG_3——液相纯铜自由能，J/m^2；
x_3——液相中的 Cu 含量；
R——气体常数；
C——待定系数；
T——温度，K。

如图 5-9 所示，在 β_{upper}和 β_{lower}之间的液相面中含有 Cu 的量极少，所以可以将 γ_{Cu}简化为求纯 Cu 的固相与自身液相的界面能，而这可以由近似公式求得固液界面能的结构项：

$$\gamma_{Cu} = k T_{mCu} / V_{Cu}^{2/3} \tag{5-15}$$

式中 T_{mCu}——Cu 的熔点；
V_{Cu}——Cu 的摩尔体积；
k——根据实验获得的常数。

由文献可知，Pb、Cu、Ag 等在图上均极靠近 6.5×10^{-4} 的经验线。通常的 k 值也都是取介于 5×10^{-4} 和 8×10^{-4} 之间的平均值 6.5×10^{-4}。T_{mCu} 和 γ_{Cu} 的单位分别是 K 和 J/m^2。

5.2.1.3　公式推导

接下来的计算和成分有关的化学项。化学项较为复杂，需要推导其中的几个重要参数，然后才可以计算化学项的值。

A　常数 C

首先对式（5-14）两边同时求导，可得

$$\frac{d\Delta G_L}{dx} = \Delta G_3 + RT[\ln x - \ln(1 - x)] + C(1 - 2x)$$

在 $x=x_1$ 处，为固液二元成分自由能曲线上的极小值点，令上式为 0，就可以得到常数项 C 的值：

$$C^* = -[\Delta G_3 + RT(\ln x_1 - \ln(1 - x_1))]/(1 - 2x_1) \tag{5-16}$$

对于难混溶体系，x_1 的值常常很小，当其接近 0 时，其中的 $RT\ln(1-x_1)$ 项和 $2x_1$ 均趋向 0，那么我们就可以获得一个常量 C 的简化方程，同时可以拥有一个很好的近似值：

$$C \approx -\Delta G_3 - RT\ln x_1 \tag{5-17}$$

常量 C 的单位是 J/m^2，表征了界面对于理想状态的偏离程度。固相 Cu 中 Pb 的溶解度极低，几乎可视为 0，所以一般情况下，式（5-16）和式（5-17）都接近等价。以下我们将引用一些实验数据进行比较来对此进行评估。

B　单位界面面积原子数 n

假设界面原子属于简单排列，我们定义 n 为界面区单位面积原子数，则 n 等于界面固相原子和液相原子之和，所以双原子层单位面积原子数为：

$$n = 2/[(V_{Cu}/N)^{2/3}x_3 + (V_{Pb}/N)^{2/3}(1 - x_3)] \tag{5-18}$$

其中 V_{Pb} 和 V_{Cu} 各自是 Pb 和 Cu 的摩尔体积（m^3/mol），N 是 Avogadro 常数，x_3 是界面双层中 Cu 原子的含量。

C　界面成分 x_3 的计算

因为 Pb-Cu 体系的界面层非常薄，实际测量 x_3 有很大的困难，那么我们可以借助一些基本的公式来计算。首先由

$$x_3 = (n_L x_1 + n_S x_2)/(n_L + n_S)$$

其中 n_S 和 n_L 分别代表界面双原子层中的固-固原子层单位面积的原子数和固-液原子层的单位面积原子数，因为：

$$n_L = (N/V_L)^{2/3} = (N/V_{Pb})^{2/3}$$

$$n_S = (N/V_S)^{2/3} = (N/V_{Cu})^{2/3}$$

所以：

$$x_3 = (V_{Cu}^{-2/3} x_2 + V_{Pb}^{-2/3} x_1)/(V_{Cu}^{-2/3} + V_{Pb}^{-2/3}) \tag{5-19}$$

D ΔG_3 则可以近似表示为纯 Cu 的熔化自由焓

$$\Delta G_3 = \Delta H_{Cu}(1 - T/T_{mCu}) \tag{5-20}$$

式中 ΔH_{Cu}，T_{mCu}——纯铜的熔化自由焓和熔点；

T——温度。

有了以上几个参数的公式之后，我们就可以来推导出化学项的通式了，将式（5-17）~式（5-20）代入式（5-13），得到式（5-21）：

$$\gamma_{Pb\text{-}Cu} = 2N^{-1/3}[V_{Cu}^{2/3}x_3 + V_{Pb}^{2/3}(1 - x_3)]^{-1}\{\Delta H_{Cu}(1 - T/T_{mCu})x_3^2 + RT[x_3\ln x_3 + (1 - x_3)\ln(1 - x_3) - x_3(1 - x_3)\ln x_1]\} \tag{5-21}$$

再将式（5-21）和式（5-15）代入式（5-12）：

$$\gamma_{SL} = kT_{mCu}/V_{Cu}^{2/3} + 2N^{-1/3}[V_{Pb}^{2/3}x_3 + V_{Cu}^{2/3}(1 - x_3)]^{-1}\{\Delta H_{Cu}(1 - T/T_{mCu})x_3^2 + RT[x_3\ln x_3 + (1 - x_3)\ln(1 - x_3) - x_3(1 - x_3)\ln x_1]\} \tag{5-22}$$

对于非混溶体系 x_2 近似为 1，当我们知道 x_1 那么 x_3 就可以根据式（5-20）求出，式（5-22）中只有两个未知参数温度 T 和成分 x_1。这时我们就可以根据这两个量很容易地求出相应二元金属体系的固液界面自由能。

另外为了估计 C 的省略项引起的误差，我们可以根据用式（5-16）中 C^* 代替公式（5-17）进行以上公式代入过程得到另一套公式（5-21a）和（5-22a），获得该 C 未简化的化学项：

$$\gamma_{Pb\text{-}Cu} = 2N^{-1/3}[V_{Cu}^{2/3}x_3 + V_{Pb}^{2/3}(1 - x_3)]^{-1}\{\Delta H_{Cu}(1 - T/T_{mCu})x_3 + RT[x_3\ln x_3 +$$

$$(1-x_3)\ln(1-x_3)]-x_3(1-x_3)[\Delta H_{Cu}(1-T/T_{mCu})+RT\ln x_1-RT\ln(1-x_1)]/(1-2x_1)\}$$

(5-21a)

以及和最终公式（5-22a）：

$$\gamma_{SL}=kT_{mCu}/V_{Cu}^{2/3}+2N^{-1/3}[V_{Pb}^{2/3}x_3+V_{Cu}^{2/3}(1-x_3)]^{-1}\{\Delta H_{Cu}(1-T/T_{mCu})x_3+RT[x_3\ln x_3+(1-x_3)\ln(1-x_3)]-x_3(1-x_3)[\Delta H_{Cu}(1-T/T_{mCu})+RT\ln x_1-RT\ln(1-x_1)]/(1-2x_1)\}$$

(5-22a)

5.2.2　计算值与相关实验数据的比较

为检验所建立的计算过程及模型的合理性，我们将获得的计算结果与有关的实验测量值进行了比较。多相平衡 MPE 实验方法可以用来测定 Pb-Cu 等非混溶体系在特定温度的界面自由能数据，MPE 方法也是最常用的多元系固液界面能的测试实验，其对于测试体系的主要要求：（1）具有简单的共晶或者偏晶相图；（2）液相 A 在固相 B 中的溶解度很小至可忽略不计。其主要原理则是利用热力学平衡条件下的各种张力在液固、气固界面的平衡关系，通过测量固、液、气三相界面的两面角 α 和 φ，固-液-气三相接触角 θ 来得到 γ_{SL}（如图 5-10 所示）。

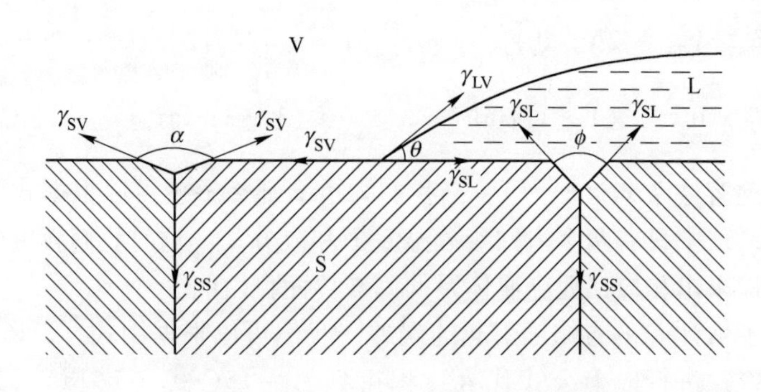

图 5-10　固-液-气三相界面张力平衡图

其平衡方程可列出如下：

$$\gamma_{SS} = 2\gamma_{SV}\cos\frac{\alpha}{2} \tag{5-23}$$

$$\gamma_{SS} = 2\gamma_{SL}\cos\frac{\phi}{2} \tag{5-24}$$

$$\gamma_{SL} = \gamma_{SV} - \gamma_{LV}\cos\theta \tag{5-25}$$

此处的 γ_{SS} 是固固界面能（晶界能），则由上述三个公式可得：

$$\gamma_{SL} = \frac{\gamma_{LV} \cdot \cos\frac{\phi}{2} \cdot \cos\theta}{\cos\frac{\alpha}{2} - \cos\frac{\phi}{2}} \tag{5-26}$$

见式（5-26）中，γ_{LV} 可以由实验独立测定，而 γ_{SL} 可以在 θ、ϕ 及 α 角的测量后确定。

在具体的实验测量中，θ 角的值可以经由直接摄取液滴与基体的轮廓像来获得，而 ϕ 和 α 则可由光学干涉测量方法获得。该方法的优点是原理简单，不需要很苛刻的实验设备条件且可以同时测定 γ_{SS} 和 γ_{SV}，其缺点则在于二元体系化学成分的限制性较大，而且实验误差偏高，约 20%~30%。

应用该模型的计算方法获得的数值和有关实验测试结果列于表 5-4 中。根据表 5-4，自由能的计算值的误差不超过 10%，且均与多相平衡法（MPE）方法和二面角（DA）方法的实验结果相符，其变化趋势也类似。其引入的误差是可以接受的并且可以满足类似 Pb-Cu 体系的低互溶度合金体系的界面自由能的计算。

与参考文献中的 MPE 实验方法获得的数据进行比较，Pb-Cu 体系的固液界面能是（390±65）mJ/m^2（1093K），x_1 = 0.115 和（348±55）mJ/m^2（1193K），x_1 = 0.235，我们的模型计算结果的误差并没有超过实验测量结果。与参考文献相比，铅铜体系的固液界面自由能大约为 350mJ/m^2 和 370mJ/m^2，结果有±20%的不确定性。由此看来，我们的简化模型的估算结果是完全可以接受的。表 5-4 也列出了其他的一些数据以供比较。

表中 γ_1 和 γ_2 分别代表 Pb-Cu 体系固液界面自由能的实验值和计算值。x_1 是 Cu 在液相 Pb 中的原子摩尔分数，γ_1 和 x_1 是多相平衡法实验数据，二面角实验数据 γ_D 引自文献；$x_2 \approx 1$；x_3 可由式（5-19）求得。铜的摩尔相变焓 ΔH_{Cu} = 13263.28 J/mol 来自参考文献［52］（另外的文献［53，54］给出的相变焓分别是 13050J/mol 和 13042J/mol，与此略有出入）。

表 5-4　铅-铜体系固液界面能的计算值与实验数据的比较

T/K	$V_{Pb}\times10^{-6}$ /$m^3\cdot mol^{-1}$	$V_{Cu}\times10^{-6}$ /$m^3\cdot mol^{-1}$	x_1	x_3	γ_1/mJ · m^{-2} (MPE Exper.)	γ_D/J · m^{-2} (DA methods Exper.)	γ_2/J · m^{-2} (Theor.)
1173	20.843	7.4975	0.030	0.6742	0.402	0.357	0.350
1123	20.718	7.4713	0.030	0.6738	0.411	0.368	0.357
1073	20.594	7.4457	0.031	0.6738	0.419/ 0.380±0.065	0.380	0.361
1023	20.470	7.4204	0.031	0.6734	0.451	0.390	0.368
1093	20.664	7.4558	0.115	0.7022	0.390±0.065	0.375±0.065	0.348/0.282
1193	20.892	7.5089	0.235	0.7431	0.348±0.065		0.361/0.278
1000	20.413	7.4089	0.06	0.6849	0.410		0.328/ 0.339

V_{Pb}和V_{Cu}分别是根据参考文献［55］计算而得的摩尔体积数据，其提供了面心立方金属及其液相时与温度相关的摩尔体积计算公式，根据铜和铅的熔点和温度，我们采用了其中的以下公式来求得相应的摩尔体积数值：

当 Pb-liquid $T > 600.6\text{K}$　　$V_{Pb} = 17.92 + 2.483 \times 10^{-3} \times T(10^{-6}\text{m}^3/\text{mol})$

当 Cu-fcc $T < 1358\text{K}$　　$V_{Cu} = 7.042 + 3.159 \times 10^{-5} \times T^{1.355}(10^{-6}\text{m}^3/\text{mol})$

以前的计算（如 Warren 等）通常未有考虑摩尔体积随温度的变化情况，在某温度范围内均采用同一摩尔体积的数值如 $V_{Pb}=18.17\times10^{-6}\text{m}^3/\text{mol}$，$V_{Cu}=7.192\times10^{-6}\text{m}^3/\text{mol}$（均未计入其随温度的变化）。

表 5-5 是由 C 和 C^* 的不同引起的误差估计，取 $x_1=0.03$ 或 0.06（在 $T=$ 1000K 时）。γ_2_C 是根据式（5-17）和式（5-22）得到的不同温度下界面能总的计算结果，$\gamma_2\_C^*$ 是根据式（5-16）和式（5-22a）得到的不同温度下的计算结果。其中输入误差定义为 Error_in =（$C-C^*$）/C^*，输出误差则定义为 Error_out =（$\gamma_2\_C-\gamma_2\_C^*$）/$\gamma_2\_C^*$。

表 5-5 不同 C 值引起的输入误差和输出误差

T/K	γ_2_ C	γ_2_ C^*	Error_ out	Error_ in
1173	0. 3256	0. 3505	-0. 0701	-0. 06185
1123	0. 3337	0. 3569	-0. 0651	-0. 0687
1073	0. 3387	0. 3612	-0. 0621	-0. 0712
1023	0. 3469	0. 3680	-0. 0572	-0. 0715
1093	0. 3224	0. 3475	-0. 0722	-0. 0685
1193	0. 3385	0. 3609	-0. 0621	-0. 0688
1000	0. 3535	0. 3734	-0. 0532	-0. 0692

由表 5-5 可以看到，当我们使用 C 作为 C^* 的估计值并且 x_1 小于 0. 06 时，最终的固液界面能结果误差小于 8%，相关的实验结果给出的误差是一般在 16%以上。在表 5-4 中，$x_1=0.115$ 和 $x_1=0.235$ 时（温度分别为 $T=1093$K 和 1193K），C 与 C^* 的差引起的误差分别可以达到 18. 9% 和 22. 9%，同时随 x_1 的增大，输出误差也在增大。

5.2.3 结论

（1）根据 Warren 的固液界面能模型，作者提出了一种改进的热力学计算方法，主要解决难混溶体系的界面自由能计算问题，建立了一个相对简单的物理模型并且证明该模型的计算结果与实验值符合得很好，且在允许的误差范围之内；通过以 Pb-Cu 二元体系为例比较了理论计算和实验结果。

（2）同一难混溶体系的界面自由能的变化是与实验所采用的温度和液相中含有的固相原子的原子百分数的实测值直接相关的，因而经典理论里的复杂的化学项的干扰在计算值就可以避免。

如上述计算结果与测量结果所示，本文所建立的计算模型是合理的，计算结果也是值得信赖的。通过采用这一模型，就可能提供对于难溶二元体系的固液界面自由能准确的数值计算结果。在非常成熟的理论体系建立之前，它可以提供一种新的理论计算方法的支持。随着当前计算材料科学的进展，难溶体系的界面能研究和新材料制备将会取得进一步的突破。

5.3　本章小结

（1）运用密度泛函理论（DFT）对NiAl合金中的X元素（X=Mn，Fe，Co，Cu）的位点偏好及其对材料的结构、电子和弹性性质的影响进行了第一性原理方法的计算。生成焓的计算表明X元素的添加提高了NiAl合金的生成焓，说明X元素的添加降低了合金体系的稳定性。通过计算X元素合金化NiAl前后的能量变化对其位点偏好进行了研究，结果进一步显示Mn、Fe、Cu元素没有位点偏好，而Co则倾向占据合金中Ni的位置。通过分析电子的态密度、Mulliken布居、重叠布居及价电荷密度，讨论了电子的属性及化学键的特征。弹性性质的计算表明只有Cu对Ni的替代作用提高了合金的塑性，其他情况下合金的塑性都下降了。

合金中的置换或称代位效应是合金与纯金属相比其性质发生巨大改变的微观物理基础，我们知道很多情况下微量的掺杂效应就可以引起合金性能的突变，这与置换过程改变了原金属原子的微观电子结构和成键特性相关，并对其周围原子发生巨大影响。第一性原理的研究加深了我们对于合金化引起材料性能改变的物理基础的理解，拓展了我们的研究视角，有助于开展更深入的研究。

（2）对Warren的二元及赝二元体系固液界面的自由能计算方法进行了进一步的探讨，提出一个适用于难溶或低固溶度的二元金属体系的界面自由能计算的改进算法，增加了对输入变量的精度的考量，并增加了改进及评估其结果的误差估计，适用于多种类似二元体系的界面能计算。可以使用该方法对于Pb-Ag、Pb-Cu和Pb-Al体系的多种铅系难混溶合金体系的固液界面自由能进行估算，促进对于合金的形核、晶粒长大过程的理解，以及对合金各种物理化学性质有重要影响的晶粒尺寸、晶界能与晶界类型的分布等的研究。

参 考 文 献

[1] Miracle D B. Overview No. 104, The physical and mechanical properties of NiAl [J]. Acta Metallurgica Et Materialia, 1993, 41 (3): 649~684.

[2] Darolia R. NiAl alloys for high-temperature structural applications [J]. JOM, 1991, 43 (3): 44~49.

[3] George E P, Liu C T. Brittle fracture and grain boundary chemistry of microalloyed NiAl [J]. Journal of Materials Research, 1990, 5 (4): 754~762.

[4] Darolia R, Lahrman D, Field R. The effect of iron, gallium and molybdenum on the room temperature tensile ductility of NiAl [J]. Scripta Metallurgica Et Materialia, 1992, 26 (7): 1007~1012.

[5] Wilson A W, Howe J M. Statistical alchemi study of the site occupancies of Ti and Cu in NiAl [J]. Scripta Materialia, 1999, 41 (3): 327~331.

[6] I. M. Anderson, A. J. Duncan and J. Bentley, Intermeallics 7 (1999) 1017.

[7] Allaverdova N V, Portnoy V K, Kucherenko L A, et al. Atomic distribution of alloying additions between sublattices in the intermetallic compounds Ni_3Al and NiAl Ⅰ: Phenomenological treatment [J]. Journal of the Less-Common Metals, 1988, 139 (2): 273~282.

[8] Chartier P, Balasubramanian M, Brewe D, et al. Site selectivity in Fe doped β phase NiAl [J]. Journal of Applied Physics, 1994, 75 (8): 3842~3846.

[9] Balasubramanian M, Pease D M, Budnick J I, et al. Site-occupation tendencies for ternary additions (Fe, Co, Ni) in beta-phase transition-metal aluminides. [J]. Physical Review B Condensed Matter, 1995, 51 (13): 8102.

[10] Terada Y, Ohkubo K, Mohri T, et al. Effects of ternary additions on thermal conductivity of NiAl [J]. Intermetallics, 1999, 7 (6): 717~723.

[11] Terada Y, Ohkubo K, Mohri T, et al. Site preference in NiAl—determination by thermal conductivity measurement [J]. Materials Science & Engineering A, 2002, s329-331 (1): 468~473.

[12] Yang R, Song Y, Cui Y Y, et al. Concentration of point defects and site occupancy behavior in ternary NiAl alloys [J]. Materials Science & Engineering A, 2004, 365 (1): 85~89.

[13] Bozzolo G, Noebe R D, Honecy F. Modeling of ternary element site substitution in NiAl [J]. Intermetallics, 2000, 8 (1): 7~18.

[14] Bozzolo G, Noebe R D, Garces J E. Atomistic modeling of the site occupancies of Ti and Cu in NiAl [J]. Scripta Materialia, 2000, 42 (4): 403~408.

[15] Bozzolo G H, Noebe R D, Amador C. Site occupancy of ternary additions to B2 alloys [J]. Intermetallics, 2002, 10 (2): 149~159.

[16] Song Y, Guo Z X, Yang R, et al. First principles study of site substitution of ternary elements in NiAl [J]. Acta Materialia, 2001, 49 (9): 1647~1654.

[17] Jiang C. Site preference of transition-metal elements in B2 NiAl: A comprehensive study [J]. Acta Materialia, 2007, 55 (14): 4799~4806.

[18] Parlinski K, Jochym P T, Kozubski R, et al. Atomic modelling of Co, Cr, Fe, antisite atoms and vacancies in B2-NiAl [J]. Intermetallics, 2003, 11 (2): 157~160.

[19] J. T. Guo, L. Z. Zhou, Z. G. Liu and W. M. Yin, Acta Metall. Sin. 9 (1996) 515.

[20] Pike L M, Chang Y A, Liu C T. Solid-solution hardening and softening by Fe additions to NiAl [J]. Intermetallics, 1997, 5 (8): 601~608.

[21] Munroe P R, George M, Baker I, et al. Microstructure, mechanical properties and wear of Ni-Al-Fe alloys [J]. Materials Science & Engineering A, 2002, 325 (1-2): 1~8.

[22] Kovalev A I, Barskaya R A, Wainstein D L. Effect of alloying on electronic structure, strength and ductility characteristics of nickel aluminide [J]. Surface Science, 2003, s532-535 (3): 35~40.

[23] Ozdemir O, Zeytin S, Bindal C. A study on NiAl produced by pressure-assisted combustion synthesis [J]. Vacuum, 2009, 84 (4): 430~437.

[24] Du X H, Gao C, Wu B L, et al. Enhanced compression ductility of stoichiometric NiAl at room temperature by Y and Cu co-addition [J]. 矿物冶金与材料学报, 2012, 19 (4): 348~353.

[25] Colín J, Serna S, Campillo B, et al. Effect of Cu additions over the lattice parameter and hardness of the NiAl intermetallic compound [J]. Journal of Alloys & Compounds, 2010, 489 (1): 26~29.

[26] Huang J, Sun J, Xing H, et al. Magnetism-induced ductility in NiAl intermetallic alloys with Fe additions: Theory and experiment [J]. Journal of Alloys & Compounds, 2012, 519 (1): 101~105.

[27] Chen L, Ping P, Zhan J, et al. First-Principles Calculation on Mechanical Properties of B2-NiAl Intermetallic Compound with Fe Addition [J]. Rare Metal Materials & Engineering, 2010, 39 (2): 229~233.

[28] M. D. Segall, J. D. Philip, M. J. Lindan, C. J. Pickard, P. J. Hasnip, S. J. Clark and M. C. Payne, J. Phys.: Condens. Matter 14 (2002) 2717.

[29] Perdew J P, Burke K, Wang Y. Generalized gradient approximation for the exchange-correlation hole of a many-electron system. [J]. Physical Review B Condensed Matter, 1996, 54 (23): 16533.

[30] Perdew J P, Chevary J A, Vosko S H, et al. Atoms, molecules, solids, and surfaces: Applications of the generalized gradient approximation for exchange and correlation. [J]. Physical Review B Condensed Matter, 1992, 46 (11): 6671.

[31] Vanderbilt D. Soft self-consistent pseudopotentials in a generalized eigenvalue formalism. [J]. Physical Review B Condensed Matter, 1990, 41 (11): 7892.

[32] G. Grimvall, Thermophysical Properties of Materials (Elsevier, Amsterdam, 1999).

[33] Jhi S H, Ihm J, Louie S G, et al. Electronic mechanism of hardness enhancement in transition-metal carbonitrides [J]. Nature, 1998, 399 (6732): 132~134.

[34] S. F. Pugh, Philos. Mag. 45 (1954) 823.

[35] R. Hill, Proc. Phys. Soc. A65 (1952) 349.

[36] Chen K, Zhao L R, Rodgers J, et al. Alloying effects on elastic properties of TiN-based nitrides [J]. Journal of Physics D Applied Physics, 2003, 36 (21): 2725~2729.

[37] Eustathopoulos N. Energetics of solid/liquid interfaces of metals and alloys [J]. Metallurgical Reviews, 1983, 28 (1): 189~210.

[38] Allen B C. The interfacial free energies of solid chromium, molybdenum and tungsten [J]. Journal of the Less Common Metals, 1972, 29 (3): 263~282.

[39] N. Eustathopoulos, International Metals Reviews. 28, 189 (1983).

[40] W. Tao, J. Mater. Sci. Eng. 4, 16 (1988).

[41] Kaptay G, rgy. Modelling Interfacial Energies in Metallic Systems [C] // Materials Science Forum. 2005: 1~10.

[42] G. Bailey, L. Watkins, Proc. Phys. Soc. 63, 350 (1950) .

[43] Y. Chen, G. Zhao, Y. Zhu, Nonferrous. Metals. 3, 32 (1988) .

[44] Loglio G, Pandolfini P, Makievski A V, et al. Calibration parameters of the pendant drop tensiometer: assessment of accuracy [J]. Journal of Colloid & Interface Science, 2003, 265 (1): 161.

[45] Warren R. Solid-liquid interfacial energies in binary and pseudo-binary systems [J]. Journal of Materials Science, 1980, 15 (10): 2489~2496.

[46] A. R. Miedema, F. J. A. Broeder, Z. Metall. 70, 14 (1979) .

[47] Zhai Wei, Wang Nan, Wei Bingbo, 等. Direct observation of phase separation in binary monotectic solution 偏晶溶液相分离过程的实时观测研究 [J]. 物理学报, 2007, 56 (4): 2353~2358.

[48] Zhang H, Zhang G Y, Wang R D, et al. Influence of O adsorbed on different surfaces of Ni_xCu_{1-x} on the segregation of Cu [J]. Acta Physica Sinica, 2005, 54 (11): 5356~5361.

[49] Rao G, Zhang D B, Wynblatt P. A determination of interfacial energy and interfacial composition in CuPb and CuPbX alloys by solid state wetting measurements [J]. Acta Metallurgica Et Materialia, 1993, 41 (11): 3331~3340.

[50] Hoyt J J, Garvin J W, Webb E B I, et al. An embedded atom method interatomic potential for the Cu-Pb system [J]. Modelling & Simulation in Materials Science & Engineering, 2003, 11 (3): 287.

[51] K. A. Jackson, Liquid Metals and Solidification, Asm, Cleveland, 1958.

[52] A. T. Dinsdale, SGTE data for pure elements. CALPHAD. 15, 317 (1991).

[53] Hudon P, Jung I H. Critical Evaluation and Thermodynamic Optimization of the CaO-P_2O_5, System [J]. Metallurgical & Materials Transactions B, 2015, 46 (1): 494~522.

[54] Scerri E R. The Periodic Table: Its Story and Its Significance [J]. Oxford University Press, 2006, 48 (19): 3391~3392.

[55] Y. Liu, W. Tao, S. Wu, Journal of Southeast University. 20, 16 (1990) .

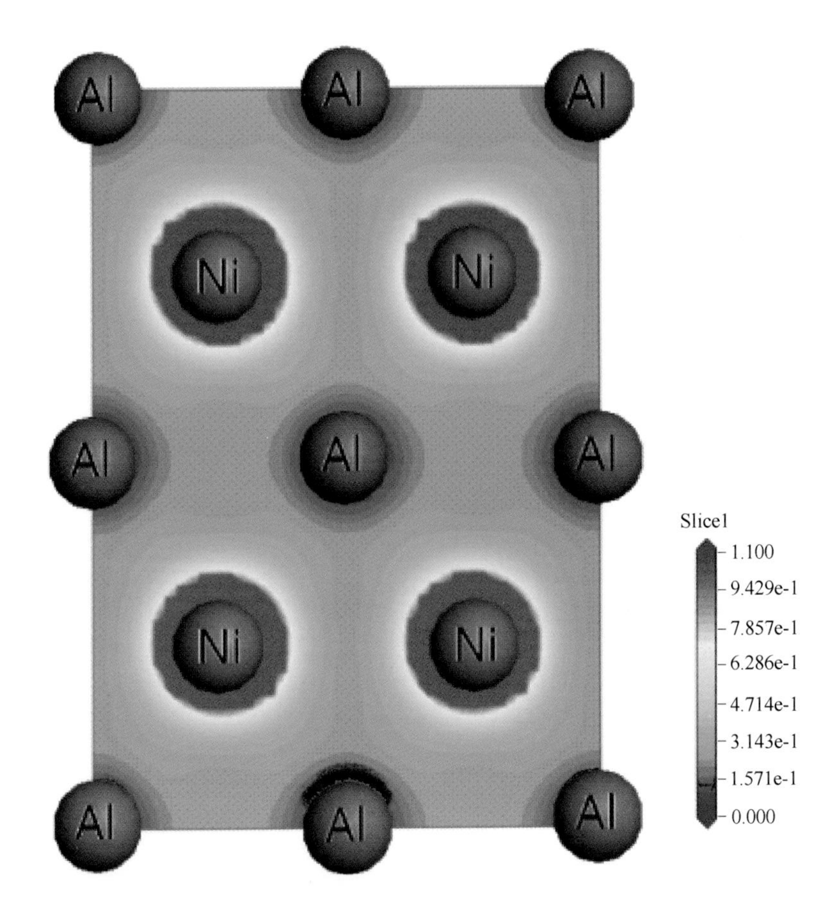
Al
Al
Al
Ni
Ni
Al
Al
Al
Ni
Ni
Al
Al
Al
Slice1
1.100
9.429e-1
7.857e-1
6.286e-1
4.714e-1
3.143e-1
1.571e-1
0.000

图 5-5

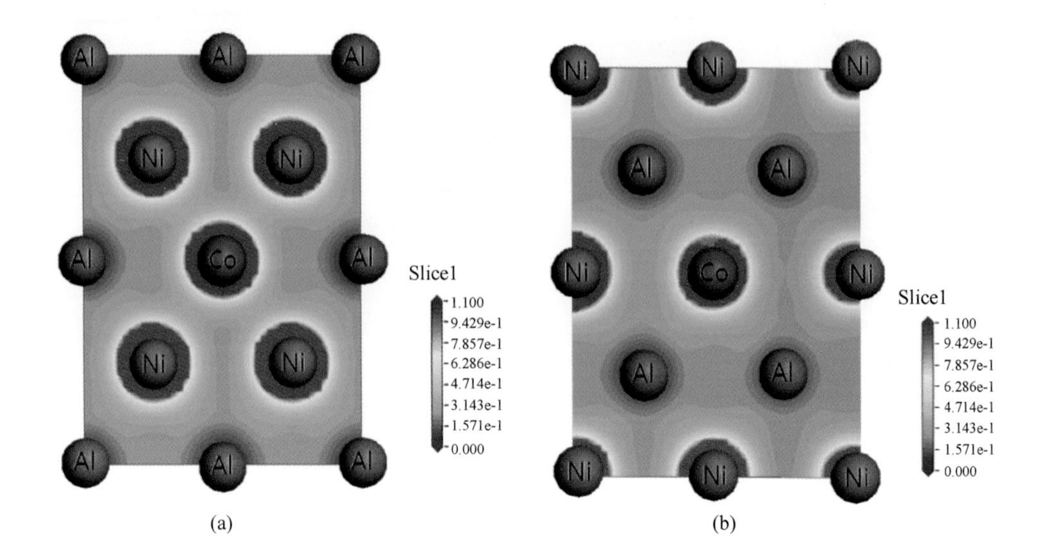
Al
Al
Al
Ni
Ni
Al
Co
Al
Ni
Ni
Al
Al
Al
Slice1
1.100
9.429e-1
7.857e-1
6.286e-1
4.714e-1
3.143e-1
1.571e-1
0.000
(a)
Ni
Ni
Ni
Al
Al
Ni
Co
Ni
Al
Al
Ni
Ni
Ni
Slice1
1.100
9.429e-1
7.857e-1
6.286e-1
4.714e-1
3.143e-1
1.571e-1
0.000
(b)

图 5-6

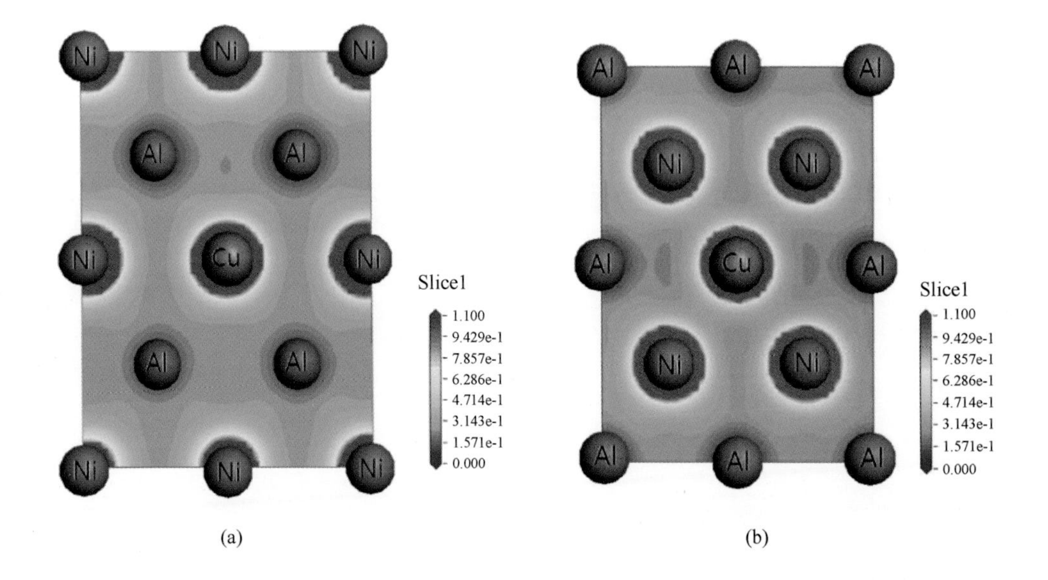
Ni
Ni
Ni
Al
Al
Ni
Cu
Ni
Al
Al
Ni
Ni
Ni
Slice1
1.100
9.429e-1
7.857e-1
6.286e-1
4.714e-1
3.143e-1
1.571e-1
0.000
(a)
Al
Al
Al
Ni
Ni
Al
Cu
Al
Ni
Ni
Al
Al
Al
Slice1
1.100
9.429e-1
7.857e-1
6.286e-1
4.714e-1
3.143e-1
1.571e-1
0.000
(b)

图 5-7